Elena Introna · Gabriele Ribolini

ARMBAND DIE KLASSIKER UHREN

HEEL

IMPRESSUM

HEEL Verlag GmbH
Gut Pottscheidt
53639 Königswinter
Telefon: 0 22 23 / 92 30-0
Telefax: 0 22 23/92 30 26

Verantwortlich für den Inhalt:
Elena Introna und Gabriele Ribolini
Mit Beiträgen von: Gualtiero Cambi,
Disma S. Tagliabue, Eugenio Zigliotto

Übersetzung: Luis Fernandes, Bestwig,
Federica Veronese, Germersheim
Satz (Fremddatenübernahme):
Fotosatz Hoffmann, Winterscheid
Umschlaggestaltung: Olaf Schumacher
ArtWork, Königswinter
Druck und Verarbeitung:
MP - Media Print, Paderborn

Fotos von: Cesare Gualdoni
und aus dem Archiv folgender Häuser:
Roberto Spotti, Antiquorum,
Habsburg-Feldmann, Tempus,
Edizioni Gold, „orologi da POLSO“

ISBN 3-89365-721-5

Printed and bound in Germany

Elena Introna · Gabriele Ribolini

ARMBAND

DIE KLASSIKER

UHREN

HEEL

Vorwort

Das Bedürfnis, das Vergehen der Zeit zu erfassen und auf irgendeine Art und Weise zu messen, reicht bis weit in die Vergangenheit zurück. Es ist vielleicht ein Bedürfnis, das ebenso alt ist wie die Menschheit selbst. Die Geschichte und die Entwicklung der Instrumente, die im Laufe der Jahrhunderte zum Zweck der Zeitmessung erfunden wurden, sind ein Beweis dafür, daß sich der Mensch mit der bloßen Berechnung der Sonnenaufgänge und -untergänge nie zufriedengab. Der begangene Weg hat uns über schwierige Etappen hinweg sicherlich weit geführt, man denke an die modernen Atomuhren, deren Präzision bis in die Millionstel-Sekunde und gar weiter reicht, und doch schaut man mit Nostalgie und voller Faszination auf jene Zeit zurück, in der die Grundsteine perfekter Meßtechnik gelegt wurden. Mit der Geburt von Taschen- und Armbanduhren ist es dem Menschen erstmals gelungen, Herrscher über die Zeit zu werden. Als Instrumente der Zeitmessung konzipiert, sind Uhren zum unerläßlichen Begleiter unseres Alltags geworden, an den wir hohe Ansprüche stellen. Präzision allein reicht schon lange nicht mehr: Eine Uhr, die sich Uhr nennen will, muß höchste Technik mit raffinierter Ästhetik verbinden, muß Meßgerät und Kunstwerk zugleich sein.

Daß es solch eine gelungene Kombination überhaupt gegeben hat, verdanken wir vor allem den Schweizer Uhrmachern, die im Laufe der Jahrhunderte Meisterwerke an Präzision und Eleganz geschaffen haben. Durch eine angeborene Neigung zur Ordnung und zur Reflexion sowie durch die klimatischen Bedingungen begünstigt, die in den langen Wintern zu beinahe kompletter Isolation führen, ist es den Bergbewohnern dieses Landes gelungen, eine Tradition hoher Handwerkskunst zu entwickeln, die in der Entwicklung wertvoller Uhren ihren Ausdruck findet. Sowohl mit der Verwendung kostbarer Materialien — unter rein ästhetischem Gesichtspunkt — als auch mit der Anwendung modernster Technologie unter technischem Aspekt erreichen diese Meister der Uhrmacher-

kunst erstaunliche Ergebnisse. Die von ihnen geschaffenen Uhren erfüllen weit mehr als ihre Funktion der Zeitmessung, sie tragen darüber hinaus dazu bei, ein Stück Weltgeschichte zu schreiben.

Da sich im Laufe der Zeit die Zahl der Menschen, die sich dieser Tätigkeit gewidmet und aus ihr einen Eckpfeiler der Schweizer Wirtschaft gemacht haben, stark gestiegen ist, ist es keine leichte Aufgabe, die Menschen oder gar die Unternehmen zu erwähnen, die zur Größe der Uhrmacherkunst beigetragen haben. Selbst wenn manche Namen öfter vorkommen als andere, wenn man von einer schönen Uhr spricht und selbst wenn manche Uhrenmarken zum Bestand mehrerer Kulturen geworden sind, weiß man in der Regel sehr wenig über die Hintergründe dieser Firmen.

Hauptziel dieses Buches und seiner Autoren ist es, Geschichte, Geheimnisse und die Anekdoten zu erzählen, die die Geburt und Entwicklung einiger der bekanntesten Schweizer Uhrenmanufakturen begleitet haben.

Denn gerade durch das Kennenlernen der Schöpfer und Meister, die die Uhr weltberühmt gemacht haben, ist vielleicht auch ein besseres Kennenlernen dieses Kleinods möglich, das fast jeder von uns am Handgelenk trägt, und das im Grunde einfach nur ein Instrument ist, um die Zeit zu messen — manchmal jedoch ein sehr schönes und bedeutendes Instrument.

AUDEMARS PIGUET
AUTOMATIC
SWISS MADE
SEP OCT NOV DEC JAN FEB MAR APR MAY JUN JUL AUG
SUN MON TUE WED THU FRI SAT
5 10 15 20 25 29½

Audemars Piguet

Wunderbare Wirklichkeit

Zwei junge Maîtres Horlogers aus Le Brassus erobern die Welt. Gewappnet mit kostbaren und komplizierten Uhren. Manufakturen in Genf und Großbritannien.

Die Geburtsstunde von Audemars Piguet geht zurück in das Jahr 1875, als sich zwei junge Männer begegneten: Jules Audemars, 24, und Edward Piguet, 22.

Sie lassen ihre Firma, Audemars Piguet Manufacture d'Horologerie, zunächst nicht in das Handelsregister eintragen. Im Jahr 1882 erscheint auf Dokumenten zum ersten Mal der Aufdruck „Audemars Piguet & Cie, Brassus, Hersteller von Uhrwerken und Uhrengehäusen", und 1889 schließlich wird Audemars Piguet & Cie. Manufacture d' Horlogerie de Precision offiziell ins Leben gerufen. Zu diesem Zeitpunkt besitzt die Manufaktur bereits ein beachtliches Renomée und beschäftigt nicht weniger als zehn erfahrene Uhrmacher.

Die zwei Partner teilen sich untereinander die Aufgabenbereiche. Jules Audemars zeichnet für alle technischen Dinge verantwortlich. Geboren in Le Brassus, lernt er bei den besten Uhrmachern am Platz, gründet später in Gimel, allerdings recht erfolglos, ein Gewerbe und kehrt schließlich in seine Heimatstadt zurück. Edward Piguet dagegen verläßt seinen Geburtsort nicht. Neben seinen Uhrmacherkünsten besitzt er vor allem einen bemerkenswerten Geschäftssinn, eine Gabe, die ihn für alle verkaufstechnischen und administrativen Belange prädestiniert.

Kurz nach dem offiziellen Eintrag in das Handelsregister des Kantons Vaud eröffnet Audemars Piguet eine Filiale in Genf, Hauptstadt der Uhrmacherkunst. Zu einer Zeit, als viele Uhrenhersteller dazu übergehen, die Produktion vieler Komponenten an Zulieferer zu übertragen und sich verstärkt auf die Montage ihrer Uhren beschränken, entscheiden sich Audemars und Piguet, nur in Eigenfertigung entstandene Uhren und Uhrwerke zu verkaufen. Ihre Namen erscheinen oftmals nur in Verbindung mit den Namen ihrer Kunden. Auf einige Märkte, insbesondere auf den amerikanischen Markt, empfiehlt es sich, nur die Uhrwerke zu exportieren. Die Importeure selbst lassen die Uhrengehäuse vor Ort anfertigen, wobei sie natürlich auf die ursprüngliche Konzeption und das Originaldesign aus der Schweiz zurückgreifen.

So fertigt man in Le Brassus sowohl Serienmodelle als auch Einzelstücke. Darunter ein „Tasca Grande Complication", der erstmals auf der Weltausstellung in Paris im Jahre 1889 gezeigt wird. Die Uhren von

Ein wertvoller Chronograph mit ewigem Kalender. Das Gehäuse ist im Stil der vierziger Jahre gehalten, die Mechanik stammt aus den dreißiger Jahren. Links im Bild die Royal Oak in Stahl, mit ewigem Kalender und Mondphasenanzeige. Das Werk besitzt einen automatischen Aufzug. Im Gehäuseboden ist eine Seriennummer eingraviert, die die Sammelleidenschaft aller Sammler dieser Welt auf den Höhepunkt bringen wird. Es handelt sich hierbei um das Modell mit der Nummer 001.

Oben im Bild ist die Triple Complication zu sehen, die 1992 auf der Baseler Messe vorgestellt wurde. Ein automatischer Chronograph mit Mondphasenanzeige, Ewigem Kalender und Minutenrepetition. Unten im Bild die Star Wheel, die Stunden und Minuten mittels Drehscheiben anzeigt. Rechts im Bild der wunderschöne automatische Chronograph, mit ewigem Kalender und Mondphasenuhr in einem Platingehäuse.

Audemars Piguet verkaufen sich auch außerhalb Europas sehr gut, unter anderem in New York. In allen bedeutenden Großstädten der Welt finden sich Geschäfte und Importeure, die stolz darauf sind, diesen Markennamen in ihrer Produktpalette führen zu dürfen. Edward Piguet eröffnet sogar eine Filiale in England, in der nicht nur verkauft, sondern auch Kundenservice und die Montage von Uhrenkomponenten betrieben wird. Audemars Piguet ist zudem in der Lage, bei der Herstellung seiner Uhren die unterschiedlichen Trends und Geschmacksrichtungen des internationalen Marktes zu berücksichtigen. Um die Kunden zufriedenstellend bedienen zu können, sichert man sich die Mitarbeit der besten lokalen Maîtres Horlogers. Bei der Inventur im Jahre 1900 entdeckt man, daß sich unter den 230 vorhandenen Uhrwerken 110 Minutenrepetitionen befinden.

Audemars Piguet findet zu seinem eigenen Stil, der noch über Jahrzehnte hinaus für dieses Uhrenhaus charakteristisch sein wird. Zum Kundenstamm zählen renommierte Namen wie Tiffany, Cartier, Breguet, Bulgari oder aber Durrstein in Glashütte und Dresden. Für dieses Haus wird sogar eine eigene Kollektion von Taschenuhren mit Komplikationen angefertigt. Darunter ein wirkliches Juwel, eine wunderschöne Damenuhr, verziert mit Diamanten als Stundenmarkierungen: Mit einem Druck auf die 6-Uhr-Markierung löst man die Minutenrepetition aus. Der Durchmesser dieser Traumuhr beträgt 18 mm. Sie ist als Armbanduhr zu tragen, kann aber auch in einem Goldetui aufbewahrt werden, wie es für Herren-Taschenuhren üblich ist. 1914 bestellen die englischen Importeure Guignard und Golay bei Audemars Piguet eine „double face"-Uhr, deren Fertigstellung sieben Jahre in Anspruch nehmen wird, sie trägt die Seriennummer 16869.

Der Londoner Himmel

Diese Uhr hat ein 26liniges Werk mit Tourbillon, das sich einmal pro Minute um die eigene Achse bewegt. Es ist eine „Grande Sonnerie", ausgestattet mit einem Chronographen mit Stunden- und Minutenzähler, ewigem Kalender, Mondphasenanzeige, Zeitgleichung und Anzeige der Gangreserve. Auf einem zweiten Zifferblatt erscheinen außerdem eine 24-Stunden-Indikation, die Sternzeit sowie eine Sternenkarte des Londoner Himmels mit 315 Sternen und den Namen der entsprechenden Sternbilder.

Im Jahr 1915 präsentiert Audemars Piguet während der Internationalen Uhrenausstellung in Genf eine Taschenuhr mit zwei Zifferblättern, die nicht weniger als 17 Funktionen zählt.

Es handelt sich um eine kleine und große Sonnerie, Silence-Funktion, Stunden-, Viertelstunden- und Minutenrepetition, wobei Sonnenaufgang und Sonnenuntergang, Zeitgleichung und Mondphasen angezeigt werden. Darüber hinaus ist dieses Modell mit einem Thermometer, einer Sekunden-, 24-Stunden-, und Tierzeichen-Indikation, ewigem Kalender, Anzeige der Gangreserve (bis zu 32 Stunden), einer Tausendstel-Indikation für 50 Jahre (5 Drehscheiben für jeweils 10 Jahre), Jahreszeiten, Solstitien und Äquinoktien ausgestattet. Bei einem weiteren Modell, ebenfalls mit Minutenrepetition, handelt es sich um einen Schleppzeiger-Chronographen mit Höhenmesser bis 300 m, einem Kompaß und der Möglichkeit, durch eine einzige Krone die Zeit in zwei verschiedenen Zeitzonen einzustellen.

1918 stirbt Audemars und ein Jahr später auch Piguet, aber das von ihnen gegründete Unternehmen wird weitergeführt und beschäftigt sich nunmehr nicht nur mit Taschenuhren und Komplikationen, sondern auch mit Armbanduhren. Und so entsteht

AUDEMARS PIGUET
TACHYMETER
JAN MAR MAY JUL SEP NOV
SUN MON TUE WED THU FRI SAT
SWISS MADE

Die Dual Time, in Basel 1992 vorgestellt, zeigt gleichzeitig zwei Zeitzonen an, trotz Einzelwerk und Einzelkrone. Auf dem Zifferblatt die Datumsanzeige und die Anzeige der Gangreserve. Unten im Bild eine bildhübsche Minutenrepetition aus den Zwanzigern und rechts im Bild ihre komplizierte Mechanik. Die Uhrwerke der in Le Brassus beheimateten Manufaktur wurden schon immer für ihre schwierigen Komplikationen und die von Hand sorgfältig ausgeführte Feinbearbeitung bewundert.

1920 die kleinste Minutenrepetition dieser Epoche (16 mm) und 1921 eine weitere Minutenrepetition, diesmal im 5-Minuten-Takt (Durchmesser 15,79 mm). Dabei darf man natürlich nicht vergessen, daß die Manufaktur schon seit dem Jahre 1892 ein 8liniges Werk mit Minutenrepetition und einem Durchmesser von 18,05 mm besaß.

Dem Börsendebakel an der Wall Street folgen für die Wirtschaft schwere Jahre. Im Jahr 1932 erreicht die Krise ihren Höhepunkt, und man bangt auch um das Unternehmen Audemars Piguet. In dieser kritischen Phase setzen sich jedoch die Eigentümer und die Lokalprominenz so stark für die Firma ein, daß sich bereits 1933 eine leichte Wiederbelebung abzeichnet. Man bemüht sich verstärkt um das Produkt, das den Erfolg des Hauses begründet hat: die Taschenuhr. Aus dieser Rückbesinnung auf die Unternehmenstradition heraus wird so im Jahre 1934 eine Taschen-Skelettuhr produziert, wobei die ersten extra- und ultraflachen Modelle dieser Art bereits Anfang des Jahrhunderts präsentiert wurden. Die Höhe einer solchen Uhr, das Gehäuse eingeschlossen, beträgt bei 16linigen Werken 4 mm. Die flachste Minutenrepetition mit offenem Gehäuse erreicht in der Höhe keine 6 mm und das kleinste, 1925 für eine Taschenuhr hergestellte Werk mißt gerade einmal 1,32 mm. Im Zuge dieser Entwicklung erscheinen neben den Taschenuhren ebenso flache Armbanduhren.

Vor dem zweiten Weltkrieg und in den darauffolgenden Jahren widmet sich Audemars Piguet der Produktion von Schleppzeiger-Chronographen (Rattrapante) mit 30-Minuten- und 12-Stunden-Zählern, als auch der Herstellung von „Mono-Rattrapanti"-Chronographen. Nach Ende des Krieges beginnen sich die Auftragsbücher wieder zu füllen, diesmal im Zeichen der Chronographen. Unter den flachen Modellen ist ein Kaliber 2003 mit 9linigem Werk und einer Höhe von 1,64 mm besonders erwähnenswert. Neben den Chronographen fertigt die Manufaktur für wohlhabende Amerikaner und einige europäische Adlige weiterhin ihr Meisterwerk: die „Grande Complication", eine Taschenuhr, für die ein ganzes Jahr Arbeit notwendig ist und die zukünftig nur bei wenigen renommierten Maîtres Horlogers in Auftrag gegeben wird.

E. GÜBELIN
LUCERNE
SWISS
TWENTY-NINE 29 JEWELS
SEVEN 7 ADJUSTMENTS
16976

Zweimal springende Stunde, eine Komplikation die Audemars Piguet mit Vorliebe ausführt. Die Uhr oben im Bild, vorgestellt in Basel 1992 ist zugleich eine Minutenrepetition. Zum ersten Mal treten beide Komplikationen zusammen auf. Unten im Bild ein Modell im Stil der dreißiger Jahre, hergestellt für Gübelin in Luzern. Auf der anderen Seite ein Einzelstück, das am 29. Juni 1992 in Paris für 660 000 FF versteigert wurde. Der Erlös der Versteigerung wurde zur Wiederaufforstung eines vom Feuer zerstörten Waldes verwendet. Das Zifferblatt dieser Royal Oak ziert das Bildnis einer Eiche.

1967 wird eine Uhr mit automatischem Aufzug vorgestellt: das Kaliber 2120, das nur 2,45 mm mißt. Wenige Jahre später folgt das Modell mit ewigem Kalender von nur 1,6 mm Größe. Die immer feiner werdenden Uhrwerke stellen für die Uhrmacher der Manufaktur eine große Herausforderung dar.

Die Royal Oak

In den 60er Jahren erobern japanische Quarzuhren einen bedrohlichen Marktanteil. Audemars Piguet reagiert darauf mit der Royal Oak, einem Automatikwerk mit 21-Karat-Goldrotor, das wohl als das berühmteste Modell der Manufaktur gelten dürfte, die Grande Complication natürlich ausgenommen. Anfangs verheimlicht man, daß es sich hierbei um eine Kreation von Gerald Genta handelt. 1992 jedoch lädt man anläßlich des 20. Geburtstages der Royal Oak den berühmten Maitre als Ehrengast ein und lüftet somit das Geheimnis. Die Royal Oak, zu deutsch „Königliche Eiche", verdankt ihren Name einer Eiche, unter der König Karl III Zuflucht fand. Selbst die Royal Navy hat mindestens drei ihrer Schiffe auf diesen Namen getauft. Die Royal Oak wird sofort zum vollen Erfolg, obwohl das Modell aus Stahl präsentiert wird, einem ungewöhnlichen Material für eine Uhr der höheren Preisklasse. Sie ist in verschiedenen Versionen erhältlich, von der einfachen Ausführung bis hin zu einer Variante mit Komplikationen, ewigem Kalender und Mondphasenanzeige. 1991 erscheint in streng limitierter Auflage ein Modell der Royal Oak in einer Materialkombination von Tantal und Stahl, gewidmet dem berühmten Golfspieler Nick Faldo. Ein Jahr später erscheint dann eine Royal Oak mit Dual-Time-Automatikwerk, Datumsanzeige und Anzeige der Gangreserve.

Auf der Baseler Messe 1992 wird eine Royal Oak mit Lederarmband ausgestellt. Im Juni desselben Jahres zeigt man ein Einzelstück der Royal Oak in Platin mit einem goldenen Zifferblatt, geschmückt mit dem Bildnis einer in Flammen stehenden Eiche. Die Uhr kommt in Paris zur Versteigerung, wobei der Erlös zur Wiederaufforstung eines Waldstückes an der Côte d'Azur verwendet wird.

Im Laufe der Jahre erlangen alle großen Häuser ihre verlorene Marktposition zurück, und auch Audemars Piguet zählt mit zu den führenden Herstellern. 1986 zeigt man eine Automatik-Armbanduhr mit Tourbillon. Der Titankäfig dieser Uhr hat einen Durchmesser von 7,20 mm und eine Höhe von 2,5 mm, die Gangreserve beträgt 50 Stunden, und das Werk, 32,5×28,5 mm groß, besitzt 32 Steine. Die Gehäusestärke beläuft sich auf 4,80 mm, wobei der Rücken des Gehäuses als Tiegelbasis benutzt wird, damit die Uhr so flach wie möglich bleibt.

Ein Jahr darauf präsentiert die Manufaktur aus Le Brassus einen Automatikchronographen mit ewigem Kalender, Mondphasen und Minutenrepetition. 468 Einzelteile sind auf einer Höhe von weniger als 7,30 mm und einem Durchmesser von 27 mm zusammengefaßt. Das Werk besteht aus Rotgold, während die Räder aus

1972 - 1992

Unten im Bild die ultraflache Cambré. 1991 wurde sie zum 5000. Jubiläum des Ewigen Kalenders vorgestellt. Das mechanische Werk hat eine Gesamthöhe von 1,64 mm, der Durchmesser beträgt 20,80 mm. Eine rechteckige Uhr mit dreifacher Indikation des Datums. Daneben ein Chronograph mit champagnerfarbenem Zifferblatt. Auf der anderen Seite eine Taschenuhr für besondere Gelegenheiten, die zur Vintage-Automobil-Kollektion gehört.

Weißgold und Teile der Automatik aus Platin gefertigt sind. Seit 1988 wird in der Uhrenmanufaktur auch Tantal verwendet, ein außergewöhnlich hartes und wiederstandsfähiges Material, das bei der Produktion eines Automatikchronographen verwendet wird.

Auf der Baseler Uhrenmesse im Jahr 1989 werden verschiedene neue Modelle gezeigt. Darunter ein winziger „Quantième Perpetuel“ (Ewiger Kalender), dessen Höhe 4,75 mm beträgt, mit automatischem Werk, ewigem Kalender und Mondphasenanzeige; eine Dual Time mit Einzelwerk und Einzelkrone, jedoch zwei Positionen, um die Uhrzeit für beide Zifferblätter einstellen zu können. Die Uhr verfügt ebenfalls über eine Datumsanzeige und eine Gangreserve von 48 Stunden.

Großen Anklang, vor allem unter ästhetischen Gesichtspunkten, findet eine Quantième Perpetuel aus Gelbgold und Platin. Auf dem Zifferblatt ist ein Kleeblatt zu sehen, das die vier Komplikationen hervorheben soll. Für Automobilfans fertigt Audemars Piguet Armbanduhren mit goldenen Zifferblättern, auf denen Automobilmodelle eingraviert sind. Zur Auswahl stehen vier Autotypen, Traumwagen vieler Menschen des 20. Jahrhunderts. Für besondere Gelegenheiten gibt es diese Modelle auch als brillantengeschmückte Taschenuhren.

1990 entsteht das Modell „Audemarine“: eine Damenuhr aus Gold

oder mit Brillanten bestückt; am 2. Februar 1990 stellt die Manufaktur zur Fertigstellung des 5000. Ewigen Kalenders eine Jubiläumsuhr vor. Es handelt sich dabei um einen Ewigen Kalender Cambré, mit Handaufzugswerk und extraflachem Gehäuse (weniger als 3,19 mm).

1991 folgt das Modell „Star Wheel“, eine außergewöhnliche Uhr im Stil des 18. Jahrhunderts.

Diese Uhr ist eine kuriose Springende Stunde, bei der sich zwischen der 10- und 2-Uhr-Indikation eine Minutenskala befindet. Drei Saphirscheiben ersetzen dabei die Stunden- und Minutenzeiger. Die Uhr verfügt über ein Automatikwerk, Höhe und Durchmesser belaufen sich auf 3,25 bzw. 26 mm, während der Boden aus Saphirglas gehalten ist. Wieder im Trend ist auch eine Tourbillon, diesmal jedoch in der klassisch runden Form. Ihr Durchmesser ist 39 mm, mit automatischem Chronometer, Datumsanzeige und Gangreserve von 60 Stunden. 1992 schlägt in Basel dann die Stunde der Complication. Eine Springende Stunde mit Minutenrepetition, die Triple Complication mit Automatikchronograph, Minutenzähler, Mondphasenanzeige, Stunden- und Minutenrepetition. Diese Uhr besteht aus 650 Einzelteilen, bietet 14 verschiedene Funktionen, und das trotz ihrer geringen Höhe.

AUDEMARS PIGUET

SAT
OCT
BAUME & MERCIER
GENÈVE

Baume & Mercier

Ein Erfolgsduett

Aus der kleinen Ortschaft Les Blois machen sich die zwei Familien daran, zusammen England zu erobern. Sie erhalten die höchsten Auszeichnungen und genießen größte Anerkennung. Schweizer Stolz schweißt zusammen.

Der Zusammenschluß von Baume & Mercier geht in das Jahr 1830 zurück, der offizielle Eintrag in das Handelsregister erfolgt jedoch erst 1834. Ihre Geschichte reicht allerdings viel weiter in die Vergangenheit. Wenn man den Schweizer Archiven Glauben schenken darf, liegen die Ursprünge sogar im 16. Jahrhundert. Im Jahr 1542 findet sich dort ein Eintrag über den Kauf eines Grundstücks durch eine französische Familie namens Baume, die sich damals schon für die Kunst der Mechanik und des Uhrenmachens interessiert haben soll.

Im Jahr 1610 gründen zwei der Gebrüder Baume, Paul und Jean, die Pfarrgemeinde Les Blois, ein kleines Dorf in der Nähe von La Chaux-de-Fonds. Jean wird Pfarrer der Gemeinde, und wie es die Geschichte so will, entstehen die ersten mit dem Namen Baume signierten Uhren in einem ehemaligen Kloster. In einer Zeit, in der Uhrenmanufakturen die Herstellung von Einzelteilen und Uhrwerken in der Regel an kleine Handwerksbetriebe vergeben, bilden die Brüder Baume da keine Ausnahme. Die Entscheidung, eine eigene Firma zu gründen und den großen Schritt in die Selbständigkeit zu wagen, fällt jedoch erst Anfang des 18. Jahrhunderts.

Die Schweizer Manufakturen genießen in der ganzen Welt einen hervorragenden Ruf, so daß auch die Uhren der Brüder Baume, fein gearbeitet mit Emaildekorationen und Gravuren, schon zu Beginn mit Begeisterung aufgenommen werden. Im Bewußtsein des eigenen Erfolges, beschließt Pierre Joseph Celestine Baume im Jahr 1844 das Geschäft zu erweitern und persönlich nach England zu reisen, um dort die in Les Blois gefertigten Uhren zu verkaufen. Die Eigeninitiative des jungen Baume bringt den erhofften Erfolg: Er eröffnet eine Filiale in London, die Baume Bros., heiratet eine Engländerin und bleibt auch schließlich dort, nachdem er die Führung der Manufaktur in Les Blois Victor Baume übertragen hat. Über ein Jahrhundert lang arbeiten beide Unternehmen in perfekter Harmonie zusammen, ohne daß eines von ihnen auf seine Eigenständigkeit verzichtet hätte.

In einer Zeit, in der Uhrenliebhaber und Sammler sich auf Chronographen, speziell Rattrapanti, konzentrieren, bringt die Manufaktur aus Les Blois zwar wichtige Modelle auf den Markt, die ihrerseits auf die Engländer

Bei dem hier gezeigten Modell Riviera, einer ultraflachen Quarzuhr, steuert die Krone fünf Funktionen gleichzeitig. Links im Bild ein Chronograph im Stil der vierziger Jahre mit vollständigem Kalender.

große Faszination ausüben, versucht aber im gleichen Zuge mit Modellen wie der Waterloo, der Diviko und der Sirdar neue Märkte in Australien, Neuseeland und den englischen Kolonien zu erobern.

Die Manufaktur Baume nimmt auch an vielen internationalen Ausstellungen in Europa und Amerika teil, die ihr mehrere Preise und Goldmedaillen einbringen. Im Jahr 1893 wird während des Kew-Observatory-Wettbewerbes in London sogar eine Stoppuhr ohne Schlüssel und mit Tourbillonwerk mit der selten hohen Note von 91,9 zu 100 von der Jury ausgezeichnet. In London tritt Arthur, der Neffe von Pierre Joseph Celestine, dessen Nachfolge an. Er gehört zur obersten Schicht der Stadt, bewegt sich in königlichen Kreisen und bekommt von der Königin einen Orden verliehen. Zudem ist er auf Grund seiner Hilfstätigkeit im französischen Krankenhaus in London während des ersten Weltkrieges Offizier der Ehrenlegion und Ehrenmitglied des Ordens von S.M. Leopold II in Belgien. 1922 wird er ein Jahr vor seinem Ruhestand zum Präsidenten des Horological Institute von London ernannt.

Anfang des Jahrhunderts wird das Unternehmen Baume immer noch von einer einzigen Familie geführt. Erst 1912 lernt William Baume Paul Ceredicenko kennen. Obwohl sie charakterlich sehr verschieden sind, mögen sich die beiden sofort und werden bald Freunde. Während Baume aus einem reichen Elternhaus stammt, hat sich Ceredicenko seine Position aus eigener Kraft erarbeitet. Sein Vater, Offizier im zaristischen Rußland, lernte seine Mutter, die als Stickerin in der Schneiderei Worth arbeitete, bei der Weltausstellung in Paris im Jahr 1867 kennen. Paul beginnt bereits mit zehn Jahren zu arbeiten, ist aber von außerordentlicher Intelligenz und verfügt über einen enormen Ehrgeiz. So unterzieht er sich einem Selbststudium und schärft seinen ohnehin schon vorhandenen Geschäftssinn. Er spricht fließend sieben Sprachen, und als er William Baume kennenlernt, bekleidet er bereits bei Haas, einer renommierten Juwelen- und Uhrenmanufaktur in Genf, den Posten des Generaldirektors. Später erhält er die Schweizer Staatsangehörigkeit und nimmt im gleichen Zuge den Nachnamen Mercier an.

Als die dunklen Jahre des ersten Weltkrieges verklungen sind, beschließen die beiden Freunde am 26. November 1918 das Unternehmen Baume & Mercier zu gründen.

Die Genfer Punze

Auch unter dem neuen Namen steht für die Manufaktur traditionell Qualität an oberster Stelle, und so erhält man 1921 für einige Modelle eine bedeutende Auszeichnung: die Genfer Punze, eine Auszeichnung, die nur

Ein Chronograph im Stil der vierziger Jahre mit dreiteiligem Goldgehäuse und rechteckigen Druckknöpfen. Auf dem Zifferblatt befinden sich zwei Skalen, eine telemetrische außen und eine schneckenförmige tachimetrische Skala innen. Sekundenzähler mit Telefoneinheitenanzeige. Im vergangenen Jahrhundert fertigte Baume auch Schleppzeiger-Chronographen. Auf der gegenüberliegenden Seite die Fleetwood, eine automatische Uhr mit Datumsanzeige, poliertem Platingehäuse und goldener Lünette. Sie wurde 1990 vorgestellt.

BAUME & MERCIER
GENEVE
AUTOMATIC
SWISS MADE

Das Modell „Shogun", das 1990 vorgestellt wurde. Das Design erinnert an die alten japanischen Krieger. Shogun gibt es als Damen- und Herrenuhr. Das Gehäuse ist aus Stahl, die Lünette aus 18karätigem Gold. Ein Quarzwerk. Zur Kollektion Absolu gehören die zwei rechteckigen Modelle, unten im Bild, mit feinmodellierten Goldgehäusen. Rechts im Bild das Modell „Linea", eine gelungene Kollektion für Damen und Herren. Das Gehäuse geht in das Armband über.

Uhrenmanufakturen erhalten, die den strengen Richtlinien des „Bureau officiel de l'Etat pour le control facultatif des montres de Genève" entsprechen. Die Weltwirtschaftskrise des Jahres 1929 wirft ihre Schatten allerdings auch auf den Bereich der Uhrenfabrikation. Baume & Mercier gelingt es aber, mit der Hochwertigkeit ihrer Uhren, ihrem anerkannten Ruf und der sorgsamen Suche nach immer neuen Designformen, auch diese schwierige Zeit zu überwinden. In den dreißiger Jahren fließen mit dem Wiederaufbau der Wirtschaft neue Impulse in den Markt ein, und neue Kundenkreise können gewonnen werden. Zum Beispiel zeigen Damen nun ein verstärktes Interesse an Armbanduhren. Für sie entwirft Baume & Mercier eine ganze Kollektion neuer Modelle: rund, rechteckig, mit außergewöhnlichen Gehäusen, die oftmals mit reinen Brillanten geschmückt sind. In der zweiten Hälfte der Dreißiger, nach dem Tod von Paul Mercier und nachdem sich William Baume aus dem Geschäftsleben zurückgezogen hat, tritt eine neue Persönlichkeit in den Vorstand der Manufaktur: Constantin de Gorski. Er ist polnischer Abstammung und ist mit einer Nichte von Ernest Ponti, dem italienischen Botschafter in Genf, verheiratet. Sie sind Angehörige einer der größten Unternehmerfamilien in Piemont, die sich mit Juwelen- und Uhrenfabrikation beschäftigt. Dieser Mann sorgt mit seiner brillanten Persönlichkeit in der Manufaktur für neuen Schwung und wirkt nach dem Krieg sogar an einem der größten Erfolge des Hauses mit: der Schmuckspangenuhr für Damen, „Marquise", mit rechteckigem Zifferblatt.

Im Jahr 1958 stirbt de Gorski, und seine Witwe verkauft ihre Geschäftsanteile an ein anderes Vorstandsmitglied, Marc Beuchat. Beuchat hat keine Erben, die Zeiten sind äußerst schwierig, und zudem gibt es viele

Baume & Mercier
Geneve

Oben im Bild ist ein automatischer Chronograph mit Datumsanzeige zu sehen, dessen Form dem weiblichen Geschmack sehr entgegenkommt. Unten im Bild ein Modell, das 1991 vorgestellt wurde. Es ist ein Chronograph für Damen mit Goldgehäuse und mit Brillanten besetzt. Die gegenüberliegende Seite zeigt die „Transpacific" mit Quarzwerk und ewigem Kalender. Auf dem Zifferblatt fügen sich die Zähler in eine chromatische Harmonie mit dem Armband ein.

Interessenten im In- und auch aus dem Ausland, die versuchen, das Unternehmen an sich zu reißen. Unbeeindruckt halten Vorstand und Angestellte zusammen, und Anfang der sechziger Jahre gelingt es Beuchat durch den Aufbau einer Geschäftsbeziehung mit Piaget, frischen Wind in das eigene Unternehmen zu bringen. Das Firmenlogo, das auf Zifferblättern, Kronen und Bandverschlüssen erscheint, wird einer Bearbeitung unterzogen. Man bedient sich des griechischen Buchstabens „F", der an die Firmenphilosophie und an die Epaktenbestimmungszahl für die Genauigkeit der Proportionen erinnern soll. 1968 beginnt Baume & Mercier mit der Fertigung von Automatikuhren und wählt für diese Modelle mit Kalender, die zu den flachsten der Welt zählen, einen Zentralrotor. 1971 taucht die Manufaktur in den elektronischen Bereich der Uhrenkunst ein und präsentiert in der Kollektion „Tronosonic" ein Stimmgabel-Werk.

Trotz Technologie wird bei Baume & Mercier der ästhetische Aspekt nie vernachlässigt. Einen Beweis dafür liefern drei ihrer Modelle, Galaxie, Mimosa und Stardust. Ihnen wird in Baden-Baden im Jahr 1973 die „Goldene Rose" für Originalität verliehen. In dieser Zeit produziert die Genfer Manufaktur auf Bestellung auch wunderschöne Taschenuhren, verziert mit Reproduktionen von Meisterwerken moderner Künstler von De Chirico bis zu Morandi. „Die Projektion des Kreises ist nicht rund", schrieb Spinoza, und dieser Satz scheint dem Chefdesigner von Baume & Mercier sehr gefallen zu haben, denn 1973 wird das Modell „Riviera" mit zwölfekkigem Gehäuse präsentiert: Es hat so viele Seiten wie Stundenindikationen. Das Modell Riviera wird zum Aushängeschild der Manufaktur und wird in verschiedenen Größen und Materialien angeboten. Typisch für dieses Modell ist das Armband mit flachen Kettengliedern. In den siebziger Jahren orientiert sich die Maison am Trend der Quarzuhren, kehrt aber danach wieder zu Automatikuhren und Chronographen zurück. Mit Beginn der neunziger Jahre werden der Damenwelt spezielle Chronographen, die sowohl in Größe als auch der Farbgestaltung dem weiblichen Ästhetikbewußtsein entsprechen, vorgestellt. 1988 tritt Baume & Mercier schließlich der Gruppe Cartier Monde bei.

60 TACHYMETRE 400 300 240 200 180 160 140 120 110 100 90 80 75 70 65
SWISS
MADE

JAN FEB MAR APR MAY JUN JUL AUG SEP OCT NOV DEC
SAT · SUN · MON · TUE · WED · THU · FRI
BLANCPAIN
1735
Platine 950

Blancpain

Der Flug des Phönix

In der ersten Hälfte des 18. Jahrhunderts erwächst am Uhrenfirmament ein großer Name. Für Blancpain liegt die Zukunft in neuen Uhrwerken. Unverdient gerät die Manufaktur in Vergessenheit und erlebt in den achtziger Jahren mit ihren fabelhaften Komplikationen eine Wiedergeburt.

In der Schweiz des 18. Jahrhunderts ist es für viele Bergbauern in den langen Wintermonaten üblich, sich als Uhrmacher zu betätigen. Die schlechten Wetterbedingungen und die wenigen Verbindungsstraßen in den Bergen führen zu einer nahezu gänzlichen Isolation von der Außenwelt. Selbst die Uhrenmanufakturen in größeren Städten, die Handwerker mit der Herstellung von Einzelteilen und Uhrwerken beauftragen, bringen ihre Bestellungen und das Material im Herbst vorbei, um im Frühjahr die fertiggestellte Ware abzuholen. Die Uhrenfabrikation vollzieht sich in mehreren Arbeitsgängen. Höhepunkt bildet die Tätigkeit des Etablisseur oder Maître Horloger, der die verschiedenen Einzelteile zusammenfügt und die Uhren in Handarbeit fertigstellt. Auch unter den einfachen Handwerkern finden sich hin und wieder Meister der Uhrmacherkunst. Häufiger kommt es vor, daß einige den Versuch wagen, sich selbständig zu machen.

Das ist auch die Geschichte von Jehan-Jacques Blancpain, der 1693 in Le Villeret geboren wird, wo seine Familie seit über einem Jahrhundert ansässig ist. Jehan-Jacques ist nicht nur ein guter Uhrmacher, er verfügt zudem über ausgeprägte unternehmerische Fähigkeiten. Anfangs ersetzt er nur Einzelteile, doch als er schließlich in den Besitz von Fertiguhren gelangt, wendet er sich dem Handel zu. Bald muß er aber feststellen, wie schwierig es ist, an Ware heranzukommen und entschließt sich, seine Uhren selbst herzustellen. Er nimmt sich eine Uhr vor, zerlegt und studiert sie, bis es ihm gelingt, mit viel Geduld alle benötigten Einzelteile selbst zu fertigen. Diese Vorgehensweise wiederholt er so oft, bis sich über den Winter eine beträchtliche Stückzahl an Uhren angesammelt hat. Im Frühjahr darauf macht er sich auf den Weg, um seine Kollektion zu verkaufen. Die erste Uhr, die den Namenszug Blancpain trägt, stammt aus dem Jahre 1735, demselben Jahr, in dem Jehan-Jacques seine Manufaktur gründet, auch wenn er in der naheren Umgebung seines Heimatortes schon seit einigen Jahren — Fachleute sprechen von zehn — bekannt ist.

Zu jener Zeit zählt Villeret — wie aus einer Geschichtschronik zu entnehmen ist — 350 Einwohner, darunter zwei Uhrmacher. Alles läßt darauf schließen, daß es sich bei einem von ihnen um Maître Blancpain handeln muß. Über seine Tätigkeit als Uhr-

Die 1735, die alle bekannten Komplikationen in sich vereint, ist benannt nach dem Gründungsjahr der Blancpain-Manufaktur. Sie besitzt Minutenrepetition, Schleppzeiger-Chronographen, ewigen Kalender, Mondphase und Tourbillon. Ihr Gehäuse ist ultraflach und beinhaltet ein automatisches Werk. Gehäuse, Zifferblatt und Rotor sind aus Platin. Links ist ihr komplexes Zifferblatt zu sehen; unten im Bild der Saphirglasboden.

In den letzten Jahren hat Blancpain das Tourbillon perfektioniert. Diese Tourbillon, 1990 in Basel gezeigt, verfügt über eine Datumsanzeige und eine Anzeige der Gangreserve von acht Tagen. Ganz rechts im Bild ihre raffinierte Mechanik, auf dieser Seite das wundervolle Zifferblatt und die Carrure.

macher ist nicht sehr viel bekannt, sie muß ihm aber vermutlich einen gehobeneren Lebensstil ermöglicht haben.

Während Jehan-Jacques' ältester Sohn Isaac sich mehr für die Politik interessiert und auch später Bürgermeister von Villeret wird, teilt einer seiner Söhne, David Louis, die gleiche Leidenschaft wie der Großvater. David-Louis Sohn Frédéric gelingt es 1815 sogar, den Handwerksbetrieb seines Vaters in ein kleines Unternehmen umzuwandeln.

Über die Jahre wird die Firma von Generation zu Generation weitervererbt und ändert mehrmals ihren Namen. 1830 trägt sie den Namen „Emile Blancpain" (Sohn von Frédéric Louis), zwanzig Jahre später heißt sie bereits „E. Blancpain & Fils" (Jules, Nestor und Paul). Doch bald fällt der Zusatz fort, da Nestor und Paul eigene Wege gehen, der eine in La Chaux-de-Fonds und der andere in Fribourg. Zurück bleiben nur Jules Emile und sein Sohn Frédéric Emile jr. Man setzt die Tradition des Uhrenbaus jedoch fort und produziert unter anderem ein Taschenuhrmodell mit ultraflachem 19linigem Werk sowie ein Baguette-Kaliber.

Frédéric Emile, letzter Nachfahre des Firmengründers, verstirbt 1932, ohne direkte oder indirekte Nachkommen zu hinterlassen. Die Geschichte Blancpain scheint hier ihr Ende zu finden, doch Madame Fischer, die langjährige und engste Mitarbeiterin von Monsieur Blancpain, die die Uhren ihres Arbeitgebers sehr genau kennt, übernimmt von da an für mehrere Jahrzehnte die Leitung des Unternehmens, jedoch unter der Firmenbezeichnung „Rayville SA Succ. de Blancpain".

Experten sehen in dem Namen Rayville ein wohlklingendes Anagramm des Ortsnamen Villeret.

Ende der fünfziger Jahre tritt erneut eine Veränderung in der Firmenstruktur ein und man erweitert den Namen auf „Manufacture d'horlogerie Rayville SA Montres Blancpain". Der Schwerpunkt liegt nun aus-

schließlich auf der Produktion von Armbanduhren, ein Bereich, in dem sich das Unternehmen bereits etabliert hat. Als erste Manufaktur hatte man in den zwanziger Jahren die erste automatische Uhr im Auftrag des Engländers John Harwood serienmäßig produziert. In Villeret ist man außerdem in der Lage, Kaliber zu produzieren, und 1930 präsentiert man die legendäre Rolls mit rechteckigem Gehäuse, eine Lizenzfertigung für den Pariser Uhrenhersteller Hatot. Es ist eine Automatic, die sich durch das in Kugellagern hin- und herbewegende Werk selbst aufzieht.

Ebenfalls berühmt sind die bis zu einer Wassertiefe von 200 Metern

wasserdichte Fifty Fathoms aus dem Jahr 1953 und die winzige Damenuhr Ladybird.

Das darauffolgende Jahrzehnt steht vorwiegend im Zeichen japanischer Quarzuhren. Die angeschlagene Schweizer Uhrenindustrie schließt sich zu Unternehmergruppen zusammen. Blancpain tritt erst der S.S.I.H. und später der SMH bei, zu der auch Omega und Tissot gehören. Trotz starker Partner schließt Blancpain seine Werkstore, und für zwölf Jahre verschwindet dieser berühmte Name in der Versenkung.

1982 entscheidet sich Jean-Claude Biver, der zuvor einige Zeit als Verkaufsleiter bei Audemars Piguet gearbeitet hatte, seine Managerstelle bei Omega aufzugeben und erwirbt die Markenrechte für Blancpain. Wie Phönix scheint die Manufaktur wieder aus der Asche auferstehen zu wollen. Um die renommierten Uhren aber wieder produzieren zu können, genügt es freilich nicht, nur die Markenrechte zu besitzen. Aus diesem Grunde beginnt Biver mit Jacques Piguet, einem Nachfahren von Louis Elisée Piguet, eine enge Zusammenarbeit. Mit einer Handvoll Maîtres Horlogers, beginnen sie in Piguets Heimat Le Brassus, neue Meisterwerke zu produzieren. Uhrwerke von Piguet sind seit langer Zeit bereits sehr berühmt und werden von den renommiertesten Manufakturen in ihre Uhren eingesetzt. Bald stellt sich heraus, daß beide Partner dasselbe Ziel vor Augen haben: mechanische Uhren mit und ohne Komplikation.

Mondphasen für Damen

Als erstes Modell der neuen Blancpain-Manufaktur, die auch bei den Banken großes Vertrauen genießt und so auch über ausreichend finanzielle Mittel verfügt, präsentiert man 1984 eine mechanische Mondphasenuhr für Damen mit Handaufzug. Ein Jahr später erscheint die automatische Version dieser Uhr. Von Frédéric Piguet stammt auch das Werk, das in einer weiteren Damenuhr mit zentraler Datums- und Sekundenanzeige zum Einsatz kommt. Sie weist eine Gesamthöhe von nur 3,2 mm und einen Durchmesser von 21 mm auf. Von der Ästhetik her bevorzugt man bei Blancpain für das Gehäuse die runde Form. Wenn man etwas Ausgefallenes realisieren wolle, so die Firmenphilosophie, solle man sich lieber auf die inneren Werte einer Uhr konzentrieren. Diesem Motto entsprechend werden immer kompliziertere

Oben im Bild ein Schleppzeiger-Chronograph mit Goldgehäuse, runden Druckknöpfen und Datumsanzeige auf der 6-Uhr-Indikation. Das Zifferblatt ist weiß, wie bei allen Modellen von Blancpain. Links im Bild drei der sechs Meisterwerke mit Komplikationen, präsentiert 1991 in Basel: Mondphase, Minutenrepetition und Ewiger Kalender. Alle verfügen über ein Platingehäuse und werden in streng limitierter Auflage hergestellt.

Drei wunderschöne Chronographen. Oben im Bild der Schleppzeiger-Chronograph mit ewigem Kalender und Mondphase. Rechts im Bild ein seltenes Exemplar mit schwarzem Zifferblatt, das zu einer Kleinserie von vier Chronographen gehört, jeweils aus einem anderen Metall. Da das erste Modell der Reihe mit der Nummer 001 in Basel bereits nach wenigen Stunden verkauft war, mußte eigens für Fabio Bertini aus Pisa ein Modell mit der Seriennummer 000 angefertigt werden.

Uhren hergestellt. Neben den automatischen Uhren fertigt man nun Chronographen und Ewige Kalender, die, wenn sie nicht gerade als Einzelstücke gedacht sind, in streng limitierter Auflage produziert werden.

Im Jahr 1986 zeigt Blancpain in Basel zwei Modelle: eine Minutenrepetition und einen Tourbillon. Für die Minutenrepetition waren über zwei Jahre Entwicklungsarbeit und ein bedeutender finanzieller Aufwand notwendig gewesen. Die Mühe sollte sich jedoch lohnen. Auf der Messe erntet der Prototyp großen Beifall, so groß, daß die Manufaktur nicht in der Lage ist, den Bestellungen nachzukommen. Zwei weitere Spitzenuhren folgen: ein automatisch-mechanischer Chronograph mit extrem flachem Werk und einer Gesamthöhe von nur 5,25 mm sowie ein Schleppzeiger-Chronograph mit einer Höhe von 6,75 mm. 1990 stellt man einen modifizierten und verbesserten Tourbillon mit Datum und Gangreserve von acht Tagen vor.

Während die Mechanik der Uhren entweder von Frédéric Piguet stammt oder in Zusammenarbeit mit Blancpain entsteht, wird die Feinbearbeitung ausschließlich von den Maîtres Horlogers der Blancpain-Manufaktur ausgeführt. Diese enge Kooperation ergibt sich vor allem auch dadurch, daß sich beide Unternehmen ein Gebäude teilen.

Auf der Baseler Messe stellt Blancpain 1991 auf seinem in neoklassischem Stil eingerichteten Ausstellungsstand sechs Armbanduhren vor, die dem Uhrenliebhaber in einer Schmuckschatulle präsentiert werden. Alle sechs Meisterstücke haben das gleiche runde Platingehäuse. Unterdessen konkretisiert sich das ehrgeizige Projekt, in einer einzigen Uhr alle bisher bekannten Komplikationen zu vereinen. Es entsteht die „1735“, die Ende 1990 auf internationalen Pressekonferenzen vorgestellt worden ist. 1991 wird das Meisterwerk in Basel und auf der „Montres et Bijoux Genève“, der berühmten Ausstellung der Genfer Juwelen, gezeigt, die in jenem Jahr zum ersten Mal in Rom in einem der edelsten päpstlichen Paläste stattfindet. Die 1735, nach dem Gründungsjahr der Manufaktur benannt, besitzt ein ultraflaches Werk, einen ewigen Kalender mit Mondphasenindikation, einen Chronographen mit Schleppzeiger sowie ein Tourbillon und eine Minutenrepetition.

Die letzten Neuheiten

1992 feiert in Basel ein neuer Schleppzeiger-Chronograph mit ewigem Kalender, Mondphase und einer Höhe von 6,95 mm seine Premiere. Parallel dazu stellt man einen Auto-Chrono mit ewigem Kalender und Mondphasen sowie wundervolle Damenuhren vor.

Einige Monate später erklärt Biver in einem Interview, es sei sein größter Wunsch, Blancpain auch in Zukunft auf der im Laufe der Jahre erarbeiteten Position zu sehen. Er fügt hinzu, daß er mittlerweile zwar mehrere Managementangebote, unter anderem auch von branchenfremden Unternehmen, bekommen, aber immer in der Überzeugung abgelehnt habe, „daß man nur eine Sache wirklich gut machen könne“. Zudem äußert er sich positiv über die Firmensituation, die

55
60
XI
XII
50
5
X
1B
1735
Blancpain
No 000
12
9
3
6
45
10
30
20
10
40
15
35
20
1
30
25
SWISS MADE

ebenfalls für die Erfolge der letzten 10 Jahre sprechen, unter anderem, daß er im Mai Bestellungen für 628 Exemplare erhalten, jedoch 637 habe ausliefern können. Er versucht zwar, das Gerücht über einen anstehenden Verkauf der Firma zu zerstreuen, kann aber den Eindruck nicht entkräften, daß es sich vielleicht um einen strategischen Schachzug handeln könnte, der die Öffentlichkeit auf diesen Verkauf vorbereiten soll. Tatsächlich erklärt die SMH Anfang Juni, sowohl Blancpain als auch die Manufaktur von Frédéric Piguet übernommen zu haben.

Die Uhrenproduktion soll unverändert fortgesetzt und vielleicht um einige Modelle, die nicht ganz so kostspielig und exklusiv wie die jetzigen ausfallen sollen, erweitert werden. Grund dafür sind die oft extrem langen Herstellungszeiten von einzelnen Modellen.

Oben im Bild eine elegante Skelettuhr für Damen, die 1992 in Basel gezeigt wurde. Sie besitzt ein extraflaches mechanisches Werk von 1,73 mm Höhe. Die Feinbearbeitung geschieht von Hand, der Durchmesser beträgt 20,40 mm. Das Gehäuse ist aus Gelbgold und Platin. Rechts ist ein Chronograph aus den Fünfzigern zu sehen, dessen Optik stark an die bis 200 m wasserdichte Fifty Fathoms erinnert.

Ultraflache Uhren sind seit jeher für die Maîtres Horologers eine große Herausforderung. Hier im Bild das erste Exemplar, das in den achtziger Jahren bei Blancpain in Le Brassus angefertigt wurde. Das Werk dieser Ultra-Plat hat eine Höhe von weniger als 1,75 mm. Jean-Claude Biver, Chef der Blancpain-Manufaktur, bevorzugt in der Regel runde Gehäuse. Für jedes Modell der Sechser-Kollektion, die auf der Baseler Messe 1991 gezeigt wurde, wählte er das gleiche Platingehäuse.

BREGUET 0001

Breguet

Geschichte der Uhrmacherkunst

Europas berühmtester Uhrmacher. Die Oberschicht trägt Breguet. Die Uhr von Marie Antoinette. Überragende Erfindungen. Meisterwerke, Souscription und die aktuelle Produktion.

Die Geschichte von Abraham-Louis Breguet ist mit der Geschichte der Uhrmacherkunst eng verflochten, denn unzählig und einmalig sind die Patente, Erkenntnisse und Neuerungen, die der geniale Uhrmacher auf diesem Gebiet erringt. Breguet ist französischer Abstammung, geboren wird er jedoch im Jahre 1747 in Neuchâtel, wo seine Eltern nach der Aufhebung des Erlasses von Nantes Zuflucht finden. Als er zehn Jahre alt ist, stirbt sein Vater, und seine Mutter heiratet erneut, einen Uhrmacher aus der Verwandtschaft. Dieser erkennt bald, daß Abraham Louis ein wirkliches Genie der Uhrmacherkunst ist und schickt den Jungen nach Paris in die Lehre. Nicht einmal dreizehnjährig verläßt er die französische Hauptstadt. Er muß seine Zeit genutzt haben, denn im Alter von 20 Jahren eröffnet er bereits sein eigenes Atelier, wobei er die erworbenen mathematischen Kenntnisse, die ihm später oft eine große Hilfe bei der Ausübung seines Berufes sein werden, in die Praxis umsetzt.

Das jedoch ist nicht sein einziger Vorzug, er erweist sich zudem als geschickter Kaufmann. Er arbeitet stets mit großer Genauigkeit und führt über jede seiner Uhren genau Buch. Um sich vor Fälschern zu schützen, erfindet er zusammen mit Jacques Droz ein geheimes Warenzeichen, das nur bei Gegenlicht unterhalb der 12-Uhr-Markierung zu erkennen ist. Anhand des angelegten Registers lassen sich die einzelnen Epochen der Breguet-Produktion sehr gut zurückverfolgen, und es ist sogar möglich, Herstellungsdatum sowie Verkaufspreis jedes Meisterwerkes in Erfahrung zu bringen. Jede Uhr trägt eine fortlaufende Seriennummer, jedoch sind auch schon Wiederholungen in der Numerierung festgestellt worden. Sir David Lionel Salomons erwähnt in seinem sehr seltenen, im Jahre 1923 mit einer Auflage von nur 550 Exemplaren gedruckten Buch, daß Breguet seine Uhren nur bis zur Zahl 6000 numerierte, um dann wieder von neuem zu beginnen; es existieren demnach drei Serien. Alle seine Uhren sind wertvolle Meisterwerke, die er auf Bestellung für Königs- und Adelshäuser anfertigt.

Auch Königin Marie Antoinette zeigt Begeisterung für die Breguet-Uhren, so daß der Maître für sie ein Meisterwerk mit allen zu der Zeit

Oben im Bild ist die Mechanik der Automatic Nr. 26 aus dem Jahre 1792 zu sehen, die über eine Viertelstundenrepetition „À Toc" verfügt und an De Castellane für 3000 FF verkauft wurde. 1991 wird ihr Wert bei der Breguet-Versteigerung in Genf auf 500 000 FF geschätzt. Die Seite links zeigt das neue Tourbillon, vorgestellt 1988 in Basel.

Oben im Bild ein berühmtes Exemplar, das 1933 von einem englischen Adeligen erstanden wurde. Es ist eine Platinuhr mit Automatic, Gangreserve und Datum. Sie trägt die Nummer 2926. Außergewöhnlich bei dieser Uhr sind das rechteckige Gehäuse und die Krone bei der 12-Uhr-Indikation. Rechts im Bild eine Quantième Perpetuel aus dem Jahre 1987.

bekannten Komplikationen baut. Hier ein teilweiser Auszug einer Beschreibung aus dem Buch von Salomons: „Es handelt sich um eine automatische Minutenrepetition mit ewigem Kalender, Zeitgleichung, Anzeige der Gangreserve, Thermometer und separaten Sekunden. Das Gehäuse ist aus Gold, während auf beiden Seiten Bergkristalle eingesetzt sind. Das Zifferblatt ist ebenfalls aus Bergkristallen und ein Ersatzzifferblatt aus weißem Email gefertigt, die Zeiger sind in Gold gehalten. Das Werk ist bis auf wenige Einzelkomponenten ebenfalls aus Gold". Dem Preis dieser Uhr werden keine Grenzen gesetzt, und als sie nach etwa neun Jahren Arbeit fertiggestellt ist, kostet sie 30 000 Franc. Die glücklose Königin stirbt noch bevor das Meisterwerk vollendet ist. Generation über Generation gelangt die Uhr in den Besitz der letzten Witwe der Familie Breguet, die sie 1887 für 600 englische Pfund an Sir Spencer Brunton verkauft. Die Uhr wird an seinen Bruder vererbt und schließlich an Mr. Murrey Marks. Sie findet ihren Weg in das Mayer Memorial Institute in Jerusalem, aus dem sie jedoch gestohlen wird.

Die französische Revolution zwingt Breguet dazu, sein Atelier am Quai de l'Horloge zu verlassen. Nicht ganz ohne Schwierigkeiten erreicht er die Schweiz und spielt 1794 zeitweilig sogar mit dem Gedanken, sich in Le Locle niederzulassen. 1795 verläßt er die Schweiz, seine lange Abwesenheit hat ihn jedoch bei den Pariser Behörden in schlechtes Licht gerückt. Daraufhin findet er an seinem Haus ein Schild, auf dem zu lesen ist: „Staatliches Grundstück zu verkaufen". Aller Wahrscheinlichkeit nach handelt es sich um einen Racheakt eines Neffen von Berthoud, auch wenn Breguet und Berthoud immer Respekt füreinander zeigten. Breguet überlegt, nach England zu gehen, ein Land, das er sehr gut kennt und in dem er über eine ausgezeichnete Kundschaft verfügt. Schließlich entscheidet er sich doch, nach Paris zurückzukehren. Dort erhält er vom Gesundheitsministerium sein Haus mit dem Versprechen zurück, sein Atelier auf staatliche Kosten sanieren zu lassen. Ihm wird eine Frist von drei Monaten eingeräumt, um seine Tätigkeit wiederaufzunehmen; einige seiner Lehrlinge werden sogar vom Militärdienst befreit.

Ruhm in Europa

Im Jahr 1798 nimmt er mit etwa 100 anderen Ausstellern an der ersten nationalen Ausstellung teil, wo er seine „freie Hemmung mit konstantem Druck" präsentiert, und von diesem Zeitpunkt an ist sein Erfolg nicht mehr zu bremsen. Als Napoleon ins Exil geht, hat sich Breguet bereits zum berühmtesten Uhrmacher Europas emporgearbeitet. Selbst Zar Alexander, der in Paris einen Besuch abstattet, nutzt die Gelegenheit, das Atelier des großen Maître zu besichtigen.

1808, als Breguets Sohn Antoine Louis in die Firma eintritt, ändert man den Firmennamen in Breguet & Fils. Nach dem Tod von Abraham

BREGUET
ANNO BISESTILE
1 ANNO
2 ANNO
3 ANNO
NOV DIC GEN FEB MAR APR MAG GIU LUG AGO SET OTT
N°1518

Oben ist der Boden der Tourbillon-Armbanduhr zu sehen. Unten im Bild eine Minutenrepetition, angefertigt als Einzelstück für das Haus Pisa in Mailand. Das Werk dieser Uhr stammt aus den zwanziger Jahren. Auf der rechten Seite der automatische Chronograph Marine, der 1991 auf der Montres et Bijoux Genève in Rom gezeigt wurde. Die Zeiger mit dem kleinen Kreis sind ein charakteristisches Merkmal vieler Breguet-Uhren.

Louis im Jahre 1823 erhält die Manufaktur unter der Führung seines Neffen Louis Antoine, dem letzten direkten Nachkommen der Breguet-Familie, den Namen Breguet Neveu & Cie. Er beginnt eine Kooperation mit Edward Brown, einem Engländer, der 1870 Alleineigentümer der Manufaktur wird. Von Generation zu Generation ändert die Manufaktur unter den Browns oft ihren Sitz, bis dann schließlich die Juweliere Jacques und Pierre Chaumet im Jahr 1971 das Unternehmen aufkaufen. Sie versuchen, der Manufaktur den alten Glanz wiederzuverleihen und setzen ihr ganzes Vertrauen auf einen jungen Maître, den man aufgrund seiner Fähigkeiten quasi als spirituellen Erben von Abraham-Louis Breguet bezeichnen kann. Sein Name ist Daniel Roth. 1987 übernimmt eine internationale Unternehmergruppe die jetzt in Le Brassus ansässige Manufaktur Breguet.

Trotz seiner Genialität bleibt Breguet ein einfacher Mann, der keinen Neid kennt. Zur Zeit der Aufklärung werden der erfinderischen Kraft keine Grenzen gesetzt; Breguet erfindet das Tourbillon. Dem Herzog von Orléans, John Arnold, überreicht er eine Uhr, von der der Herzog so fasziniert ist, daß er nach Paris kommt, um den Maître persönlich kennenzulernen und ihn zu bitten, seinen Sohn als Lehrling aufzunehmen. Breguet stattet eine silberne Uhr, die sein neuer Lehrling anfertigt, mit seinem berühmten Tourbillon aus und macht sie dem jungen Arnold zum Geschenk. Als Widmung schreibt er „Die erste gemeinsame Uhr von Breguet und Arnold mit Tourbillon als Geschenk zur Erinnerung an Arnold. Für seinen Sohn". Breguet ist nicht nur ein Genie, sondern auch ein geschickter Diplomat. Auf einer Soirée bei Talleyrand läßt er aus vorgetäuschter Unachtsamkeit seine Uhr zu Boden fallen, hebt sie jedoch gleich wieder auf und beweist, daß seine stoßsicher gelagerte Unruhwelle in der Lage ist, die Uhr zu schützen.

Ein genialer Maître

Aus seinem Buch „Guide de l'Horloger", das Breguet 1810 zu schreiben beginnt, aber leider nie vollendet, sind viele Zeichnungen und Notizen bis in die heutige Zeit erhalten geblieben. George Daniels, der 1975 ein sehr schönes Buch über Breguet schreibt, zählt in seinem Werk etwa 15 Bereiche der Uhrmacherkunst auf, in denen der Meister seine Genialität unter Beweis stellte.

Unter anderem perfektioniert Breguet den von Perrelet erfundenen automatischen Aufzug, die Quare-Repetition, Hemmungen und die Spirale; er entwickelt eine stoßsichere Lagerung für die Unruh, baut eine Uhr für Blinde, bei der man die Uhrzeit am Gehäuse durch Ertasten „ablesen" kann, sowie die „montre simpatique", eine Tischuhr, die über Nacht Aufzug und Zeigerstellung einer Taschenuhr regelt. Sein bekanntester Geniestreich ist jedoch das Tourbillon, das er im Jahr 1795 erfindet und 1801 patentiert; es ist in der Lage, jegliche Schwerkraftfehler auszugleichen. Breguet teilt seinem Sohn in einem Brief

BREGUET 1121
SWISS
MADE
19

Der Boden der Marine trägt den Aufdruck „Offizieller Lieferant der Marine", ein Titel, den Abraham Louis Breguet 1815 verliehen bekam. Auf der rechten Seite die automatische Marine mit Datumsanzeige. Unten im Bild eine Damenuhr mit Mondphase auf der 10. Die 4-Uhr-Markierung „IIII" ist so geschrieben, wie König Carl es verlangt hatte.

über diese Erfindung mit, eine Lösung für das Schwerkraftproblem gefunden zu haben. Der sogenannte Tourbillonkäfig dreht sich einmal pro Minute um die eigene Achse, so daß sich eventuelle Gangabweichungen gegenseitig aufheben. Breguet-Uhren sind für ihre Ganggenauigkeit ja allgemein bekannt. Seinem Sohn schreibt er ebenfalls: „Man gebe mir das perfekte Uhrenöl und ich baue die perfekte Uhr".

Besondere Erwähnung verdienen auch seine Souscription-Uhren. Die Idee kommt ihm, als er sich überlegt, eine hochwertige Uhr zu einem erschwinglichen Preis zu bauen. Um diese Uhren der Öffentlichkeit vorzustellen, versendet Breguet einen Rundbrief, in dem er darauf hinweist, daß Uhren für die Astronomie und solche, die bei der Marine eingesetzt werden, nicht genauer sein müssen als diejenigen, die für den normalen Kunden gedacht sind. Zudem bietet er für seine Uhren eine umfangreiche Garantie an und erläutert einige Aspekte seines Uhrendesigns. Außerdem erklärt er, daß er Kapital benötige, um eine Produktion dieser Uhren, die alle die gleichen Merkmale haben sollen, anlaufen lassen zu können und ruft zu einer Spendenaktion auf. Der Preis der Uhren wird auf „6000 livres" festgelegt, wobei ein Viertel der Summe bereits bei der Bestellung einbezahlt werden muß; die Lieferung soll nach dem Bestelleingang erfolgen.

Die Ästhetik seiner Uhren liegt ihm ebenfalls sehr am Herzen. Für die Gehäuse, die oft besonders dekoriert sind, legt er daher häufig einen eigenen Preis fest. Die Guilloché-Arbeiten lassen die Oberfläche aussehen wie Seide. Die Knöpfe, die die Repetition bedienen, sind in verschiedenen Positionen angebracht, und sehr oft wird das Glas durch geschliffenes Bergkristall ersetzt. Seine Etuis sind ebenfalls wertvoll gearbeitet, das Leder bekommt immer Namen und Adresse der Manufaktur eingraviert. Die Seriennummer ist auf der Vorderseite des Etuis zu sehen, jede Uhr erhält eine Goldkette und einen Schlüssel, um sie aufzuziehen. Jeder Uhr wird ein Zertifikat beigelegt, in dem eine genaue Beschreibung der Uhr, Preis, Namen des Käufers, Herstellungsdatum sowie allgemeine Pflegehinweise aufgeführt sind.

Jedes Zifferblatt ist sehr elegant ausgeführt und die Stundenindikationen sind von besonderer Art, ebenso die Zeiger, die heute noch als Bre-

BREGUET 4098
23
SWISS

Für die Zifferblätter verwendet Breguet Materialien wie Email, Gold oder Silber und teilweise auch eine Legierung aus diesen beiden Edelmetallen. Dieses hier gehört zu einer automatischen Uhr und zeigt Datum, Gangreserve und Mondphasen an. Unten im Bild die Quantième Perpetuel mit Zeitgleichung, die die Zeitverschiebung zwischen Sommer- und Winterzeit anzeigt. Auf der rechten Seite ist eine automatische Uhr mit Datumsanzeige und Anzeige der Gangreserve zu sehen, die die ganze Eleganz der frühen Modelle des Meisters widerspiegelt.

guet-Zeiger bekannt sind. Eine Eigenart weisen die Zifferblätter mit römischen Zahlen auf, bei denen die 4-Uhr-Indikation nicht als „IV" erscheint, sondern als „IIII". Grund dafür war eine Beschwerde Carls des V., der seinen Uhrmacher anwies, die auf einer Turmuhr angebrachte Zahl „IV" durch „IIII" zu ersetzen. Der Uhrmacher Henry De Vick verteidigte sein Werk, aber Carl antwortete darauf: „Ich habe immer Recht". Die Uhr mußte somit abgeändert werden.

Im Jahre 1806 liefert Breguet seinen ersten Chronometer für Seefahrtzwecke aus, und 1815 wird er offiziell mit dem Titel „Horloger de la Marine" ausgezeichnet. 1818 läuft die Produktion bereits in vollem Umfang, und im Jahr 1822 ist die Breguet-Manufaktur in der Lage, 80 Exemplare auszuliefern. Während für die aktuelle Klassik-Linie der Breguet-Uhren identische Gehäuse verwendet werden, erhält das Modell Marine des Jahres 1990 ein Gehäuse, das sich bei der 3-Uhr-Indikation verdickt und somit die Krone schützt, auf der der Markenname eingraviert ist. Bei dieser Armbanduhr handelt es sich um die erste von Breguet herausgegebene Sportuhr.

1988 nimmt die Firma das Thema Souscription wieder auf und präsentiert eine Springende Stunde. 1991 liefert man eine Uhren-Kollektion an das Haus Habsburg-Feldmann, das sie als Erinnerung an die großen Uhren der Breguet-Manufaktur zur Versteigerung anbietet. Die Kollektion beinhaltet unter anderem eine Taschenuhr und eine Armbanduhr in Platin und Roségold. Der Erlös der Armbanduhr mit der Seriennummer „1" wird der Breguet-Stiftung zugeführt.

Bei der exquisiten Ausstellung „Montres et Bijoux Genève", die im November des Jahres 1991 in Rom stattfindet, präsentiert man eine Equation, die zusammen mit Chronographen, Skelettuhren, Ewigen Kalendern und vor allem mit dem in Basel 1988 vorgestellten Tourbillon an das Lebenswerk des Gründers erinnern soll.

BREGUET
N°2654

TACHYMETRE
BREITLING
FOOTBALL
AUTOMATIC
T SWISS
MADE T

Breitling

Der 360-Grad-Horizont

Komplizierte Uhren und Chronographen seit 1884. Die ewige Suche nach neuen Technologien. Breitling in der Luft und im Sport. Uhren für die Extremsituation.

Léon Breitling, geboren im Januar des Jahres 1860 in St. Imier, wird 1884 Uhrmacher und gründet ein Atelier mit dem ehrgeizigen Ziel, Chronographen, Sekundenzähler und Komplikationen zu bauen. Bald kann er die ersten Erfolge verbuchen und wechselt zehn Jahre später nach La Chaux-de-Fonds. Er arbeitet sich rasch empor, als fürchte er, ein kurzes Leben vor sich zu haben. 1914 stirbt er mit nur 54 Jahren und überläßt die Manufaktur seinem Sohn Gaston, der sie später dem Neffen Willy weitervererbt.

Als Breitling auf dem Schweizer und dann auf dem internationalen Markt Fuß faßt, ist die Industrialisierung bereits in vollem Gange. Die Welt ist fasziniert von den ersten Flugversuchen. 1874 gelingt es einem jungen Unbekannten, mit einem Motorflugzeug von einer Rampe zu starten und nach Brest zu fliegen. Wenige Jahre darauf fliegt man bereits mit einem Dampfeindecker, den der Russe Alexander Mozhaisky I.N. Golubev anvertraut. Auch Léon Breitling interessiert sich sehr für die Fliegerei, doch eine weitreichendere Verbindung zwischen Manufaktur und Luftfahrt kommt erst durch den Sohn Gaston und vor allem durch den Neffen Willy zustande. Diese enge Bindung besteht auch heute noch: Viele Kunstflugstaffeln bedienen sich oftmals der Breitling-Uhren, und das Unternehmen selbst tritt als offizieller Sponsor von Flugveranstaltungen auf. Bei Ereignissen wie der Weltmeisterschaft im Kunst-

Unten im Bild ein Chronograph in 18karätigem Gold im Stil der ausgehenden fünfziger Jahre. Auf der linken Seite das Modell Football, ein Chronograph aus dem Jahr 1990, entstanden aus einem Prototypen des Jahres 1950.

flug können zudem die Uhren unter extremen Bedingungen getestet werden. Die Breitling Master beispielsweise wird von vielen Piloten der internationalen Flugelite getragen.

Ein Flugzeug auf dem Messestand.

1991 präsentiert man in Basel sogar auf dem hauseigenen Messestand den berühmten Blériot XI, FA2BA, ein Flugzeug, das 1919 gebaut wurde und mehrere Male den Kanal überflog, unter anderem auch am 27. Juli 1989 zum 80. Jubiläum des ersten von Blériot unternommenen Flugversuchs zwischen Calais und Dover. Nach dem Bau des ersten Chronographen im Jahr 1914 befaßt sich die Manufaktur verstärkt mit neuen Technologien. Nach dem Tod von Gaston im Jahr 1927 entwickelt sein Sohn im Zeichen dieser Forschung ein Kaliber für einen Bordchronographen, dessen Präsentation im Jahr 1936 erfolgt und der später von über 30 Luftfahrtgesellschaften eingesetzt wird.

Der Zweite Weltkrieg bricht aus, und Breitling steht 1941 wieder im Mittelpunkt, als man einen Rechenschieber in Kreisform baut. 1952 folgt der Navitimer, ein Armbandchronograph, der in der Lage ist, ein Bordinstrument zu ersetzen. Der Navitimer bietet die Möglichkeit, eine korrekte Flugüberwachung zu realisieren. Zeitmessung, Geschwindigkeitberechnung und Messung des Treibstoffverbrauches lassen sich ohne weiteres durchführen.

Wenige Jahre später baut Breitling die Superocean für Taucher, wendet sich aber wieder den Fliegerchronographen zu, und 1962 zeigt man die Cosmonaute, eine perfektionierte Version des Navitimer: Das Zifferblatt trägt eine 24-Stunden-Indikation. Der Astronaut Scott Carpenter trägt diese Uhr während seiner Weltraumfahrt mit der Aurora 7 am 24. Mai 1962.

In den sechziger Jahren entwickelt Breitling einen rechteckigen Chronographen, der 1966 vorgestellt wird. Ein Jahr darauf folgt der gebrauchsorientierte Chronoslide, der erste „compteur de sport et industrie" mit kreisförmigem Rechenschieber. Mittlerweile ist die Zeit der Quarzuhren angebrochen, und Breitling kommt mit der Electrosplit heraus, die eine Elektronik mit Digitalanzeige und getrennte Zähler mit Zeitspeichern aufweist. Das Unternehmen aus La

Die Navitimer gibt es in vielen verschiedenen Modellvarianten. Die erste Navitimer wurde 1952 vorgestellt. Die oben abgebildeten Uhren verfügen über ein Stahlgehäuse, automatisches Werk und Drehlünette mit Rechenschieber. Die Bilder links zeigen Boden, Schließe und Krone mit jeweiliger Gravur. Die Explosionszeichnung macht den Aufbau aus vielen Einzelkomponenten deutlich.

Rechts oben im Bild ein Schleppzeiger-Chronograph, Modell Duograph. Rechts unten ein Chronograph, der für den Giro d'Italia entworfen wurde, und ganz unten das Modell World, mit vier unabhängig voneinander funktionierenden Quarzwerken. Der obere Teil des Gehäuses ist drehbar ausgeführt und erlaubt den Zugriff auf die Kronen. Die World kann zudem als Kompaß verwendet werden. Das große Bild zeigt das Modell Chrono Astromat Longitudo mit zwei Zeitzonen und zwei Stundenzeigern.

Chaux-de-Fonds, das später seinen Sitz in Grenchen haben wird, entfaltet seine Kapazität sowohl auf dem Gebiet modernster Technologie als auch auf traditionellem Sektor, wie die Schleppzeiger-Chronographen im Goldgehäuse zeigen. Im Jahr 1969 bringt Breitling einen automatischen Chronographen, den Chronomat, heraus.

Die siebziger Jahre bringen große Veränderungen für das Unternehmen mit sich, das von dem Industriellen Ernest Schneider, der selbst ein begeisterter Pilot ist, übernommen wird. Man produziert die GMT, einen Chronographen mit zwei Stundenzeigern (ein Zeiger ist für 12-Stunden-, der andere für die 24-Stunden-Einteilung zuständig), die Unitime, einen Weltzeitchronographen, sowie die Navitimer Pluton und Jupiter. Im Jahr 1983 kommt die Navitimer GMT auf den Markt, ein Quarzchronograph mit einer analogen und zwei digitalen Zeitzonen.

Hundert Jahre Breitling

Zur Feier des hundertjährigen Firmenbestehens 1984 präsentiert Breitling eine neue Version des Chronomat. Nach wie vor handelt es sich um eine automatische Uhr, die einer Beschleunigung von bis zu 20 G standhalten kann und die von der italienischen Luftwaffeneinheit „Frecce Tricolori" verwendet wird. 1986 bringt Breitling eine Uhr mit Heliumventil auf den Markt, die bis zu 1000 m Tiefe einsetzbar ist. 1988 stellt das Unternehmen in Basel ein Modell für Forschungsreisende vor, die Emergency, die zahlreiche Hilfen bei der Erkundung von Bergen und Wüsten bietet. Sie verfügt über eine Armbanduhr mit eingebauter Antenne, die in einem Umkreis von 15–20 km in ebenem und 5 km in bergigem Gelände ein Funksignal aussendet. Sie ist für einen Temperaturbereich von -20 bis +100 Grad Celsius ausgelegt, der Boden ist aus Stahl und das Armband verfügt über zwei Lineale für das Lesen von geographischen Karten sowie eine Ab-

bildung des Morsealphabets. Die Uhr besitzt zudem einen Rechenschieber mit durchnumeriertem Zentimetermaß und zwei Skalen im Maßstab von 1:25 000 bzw 1:50 000. Danach beschäftigt sich das Unternehmen erneut mit Taucheruhren und entwikkelt in Erinnerung an die Segelschiffe, die in den dreißiger Jahren am America's Cup teilgenommen haben, die J-Class.

Sport ist von jeher für Breitling ein wichtiges Thema gewesen, und so ent-

BREITLING
1884
MANUFACTURE
EN SUISSE

wickelte man auch entsprechend viele Uhrenmodelle. Einige der früheren Modelle tragen auf dem Zifferblatt den Hinweis auf große sportliche Ereignisse wie z.B die Mille Miglia oder den Giro d'Italia, andere wiederum sind eher für einen technischen Einsatzzweck konzipiert. Zur Fußballweltmeisterschaft 1990 bringt Breitling das Modell Football heraus, einen automatischen Chronographen mit 12-Stunden-Einteilung, gebaut nach einem Prototypen aus den fünfziger Jahren. Die drehbare Lünette weist auf der tachimetrischen Skala eine rote Indikation der Spielzeit auf. So kann der Zuschauer schnell ablesen wie lange noch bis zum Abpfiff zu spielen ist.

Für Reisende bietet Breitling das Modell Globe Trotter an, die erste mechanische Uhr, bei der man durch einfachen Knopfdruck von einer Zeitzone in die nächste wechseln kann. Das zur klassischen Linie gehörende Modell World ist dagegen mit vier unabhängigen Quarzwerken ausgestattet und besitzt eine 12-Stunden-Master- sowie drei 24-Stunden-Anzeigen.

Interessant sind auch die verschiedenen Zusatzmodule, die sich in unterschiedlichen Modellen einsetzen lassen und unabhängig vom Basiswerk arbeiten. Unter den neuen Modellen des Unternehmens sticht das Modell Duograph besonders heraus. Es handelt sich um eine Uhr mit Tages- und Nachtindikation, Drehlünette mit Schaltrad und Skala für die Himmelsrichtungen, die man auch als Sonnenkompaß verwenden kann. Außerdem ist es möglich, unter Beibehaltung einer Basiszeit zwischen den Zeitzonen zu wechseln.

In der breiten Produktpalette von Breitling existieren aber noch weitere nennenswerte Modelle, wie beispielsweise der automatische Chronograph mit Gangreserve, Platine genannt (ein Navitimer im Platingehäuse) und die Chrono Astromat Longitudo. Im Jahr 1992 zeigt Breitling in Basel die Navitimer 92, die mit einem äußerst interessanten Miniaturmodul ausgestattet ist, das es möglich macht, die Größe der Chronographen zu reduzieren.

Das Modell Platine, ein wunderschöner Automatic-Chronograph mit COSC-Zertifikat, Herstellungsjahr 1990. Auf der linken Seite oben ist das Modell Cosmonaute mit 24-Stunden-Einteilung zu sehen. Rechts darunter ein moderner Duograph mit zweiter Zeitzone. Links die Navitimer 92 mit einem Kaliber von 26,20 mm Durchmesser. Auf dem Zifferblatt besitzt sie einen kreisförmigen Rechenschieber mit verstellbarem Tachymeter, Telemeter und Pulsometer.

CARTIER

Cartier

Karriere in Luxus und Eleganz

Vom kleinen Juwelier zum Lieferanten von Königen und Kaisern. Wundervolle Juwelen und wunderbare Uhren. Zusammenarbeit mit Edmond Jaeger. Niederlassungen in Europa und den Vereinigten Staaten.

Man könnte ewig darüber diskutieren, ob Cartier nun Juwelier-Uhrmacher oder aber Uhrmacher-Juwelier gewesen ist, sicher ist jedoch, angesichts der in der Rue de la Paix in Paris entstandenen Meisterwerke, daß bei Cartier Stil und Technik, Eleganz und Luxus unzertrennlich miteinander verwoben sind. In ihren Anfängen widmet sich die Manufaktur, die 1847 ihren Erfolgskurs einschlägt, ausschließlich den Juwelen. Erst später, als das Atelier von der Rue Montorgueuil seinen Sitz in die Nähe des königlichen Palasts verlegt und Louis François Cartier mit der Unterstützung prominenter Kunden offizieller Hoflieferant von Napoleon III wird, beginnen sich die Dinge zu wandeln. Zu dieser Zeit kauft Cartier noch Uhren und verziert sie mit Edelsteinen oder Emailarbeiten, um sie dann weiterzuverkaufen. Um seinen Kundenkreis zu erweitern, handelt er außerdem mit antiken Stükken, wie z.B. den Meisterwerken von Breguet und Lépine. Bereits im Jahr 1853 wird der erste Uhrenverkauf im Registraturbuch des Ateliers eingetragen. Zwanzig Jahre später erscheint eine Notiz über eine „ägyptische Uhr", die einem gewissen Herrn Santos verkauft wurde, wohlmöglich einem Angehörigen jener Familie Santos, die Anfang des 20. Jahrhunderts die Produktion der Cartier-Armbanduhren initiiert. 1859 zieht das Juweliergeschäft an den Boulevard des Italiens und 1899 in die Rue de la Paix in einem der reichen Viertel von Paris – ein Beweis für den steilen Aufstieg des Hauses Cartier. Das Juweliergeschäft ist eins der ersten in Paris, das mit elektrischem Strom versorgt wird. Edelsteine und Emailarbeiten schimmern in den beleuchteten Schaufenstern wie noch nie zuvor. Um die Jahrhundertwende herum verkauft Cartier ebenfalls kostbare Tisch- und Taschenuhren; man spricht von mehreren Hundert.

1898 wird der dreiundzwanzigjährige Louis Cartier zum Partner seines Vaters Alfred und heiratet eine reiche Erbin. Er ist ein Liebhaber der Uhrmacherkunst und vertraut auf das Geschäft mit den Armbanduhren. Er beschafft sich Uhrwerke von Brédillard und Dagonneau, die ihren Firmensitz in Genf haben, aber auch von Vacheron & Constantin. Entscheidend aber ist für ihn die Begegnung mit Edmond Jaeger, einem brillanten und fachkundigen Uhrmacher, dessen Fantasie im technischen Bereich nahezu

Dieser wertvolle Goldchronograph mit ewigem Kalender und Mondphasenanzeige stammt aus dem Jahr 1962. Sein Werk wurde von Audemars Piguet angefertigt. Auf der linken Seite im Bild ein seltenes Modell aus den Zwanzigern, die Tortue, ein Chronograph mit Einzeldrücker, 30-Minuten-Zähler und einem Werk mit 26 Steinen, hergestellt von European Watch.

unerschöpflich ist. Von diesem Moment an finden sich Cartier-Uhren nicht nur auf Tischen und Kaminsimsen, sondern auch an vielen Herrenwesten, in den Dekolletés eleganter Damen und auf einer ganzen Reihe anderer Gegenstände wie Spazierstöcken, Regenschirmen, Kutschen und sogar Automobilen. Auf einem wertvollen Armaturenbrett aus dem Jahre 1906 befindet sich ein Medaillon von S. Christophorus, ein Barometer und eine Uhr, die in ein Emailtableau eingebaut sind und durch einen Cabochon-Saphir voneinander getrennt werden: ein raffiniertes Detail, das noch heute bei Kronen und Knöpfen der Cartier-Uhren vorzufinden ist.

Jede Frau träumt davon, einmal eine Schmuckuhr von Cartier zu besitzen. Links im Bild zwei neuere Modelle: die Baignoire in Weißgold, geschmückt mit 850 Diamanten und die Kilim Tutti Frutti mit Diamanten, Smaragden, Rubinen und Saphiren. Unten im Bild eine wunderschöne Uhr mit Diamanten und Onyx, angefertigt Ende der zwanziger Jahre. Auf der rechten Seite ein elegantes Modell aus der Kollektion „21" in Platin, Diamanten, Onyx und Perlen.

Santos und Tank

Anfang des Jahrhunderts lernt Alberto Santos-Dumont, ein reicher Brasilianer, der sich für die Fliegerei begeistert, Louis Cartier kennen. Die beiden werden Freunde und Alberto bittet Cartier, eine praktische Uhr zu entwickeln, die er beim Fliegen tragen könne. Das Modell Santos wird geboren. Das genaue Entstehungsdatum dieser Uhr ist nicht zu ermitteln, es ist jedoch bekannt, daß 1907 Santos-Dumont eine Armbanduhr von Cartier trägt, als er mit nur 22 Sekunden den Weltrekord im 200 m-Flug aufstellt. Auf den Markt kommt die Santos allerdings erst 1911. Das 10linige Werk stammt von Jaeger, der 1907 mit Cartier einen Exklusivvertrag über 15 Jahre abgeschlossen hat und der ihm ein Auftragsvolumen von mindestens 250 000 Francs im Jahr einbringen soll.

Die Inspiration für die Linienführung der Santos kommt von dem Lederzaumzeug an Pferden, während das Modell Tank aus dem Jahr 1919 an die Raupenketten amerikanischer Panzer erinnern soll. Die Tank wird bald zu einem Kultobjekt. Sie ist mit

CARTIER

„L.C." signiert und wurde von Joseph Vergely in Zusammenarbeit mit Edmond Jaeger realisiert. Die ersten Exemplare dieser Uhr wurden 1918 an amerikanische Offiziere verschenkt.

Zwischen dem Erscheinen von Santos und Tank treten im Jahr 1913 die Modelle Tortue, eine Weiterentwicklung des Tonneau-Designs, und die erste „Pendule Mystérieuse" an die Öffentlichkeit. Aus der Zusammenarbeit zwischen Cartier und Jaeger entsteht im Jahr 1910 die Faltschließe. Während Charles Jacqueau einer der brillantesten Designer der Manufaktur wird, widmet sich Maurice Coüet den komplizierten Uhren, wie zum Beispiel der Realisation der Pendulette Mystérieuse, die bis zu 12 Monate Arbeit erfordert.

Der Panther als Markenzeichen

1914 erscheint auf einer Cartier-Uhr ein Panther aus Diamanten, der später einmal das Symbol des Hauses Cartier sein wird, ebenso wie zwei ineinander verflochtene „C". Nach dem Ende des ersten Weltkrieges gründen Jaeger und Cartier eine Aktiengesellschaft. Die Manufaktur Edmond Jaeger fusioniert zudem mit „Le-Coultre et Cie", seit 1903 Lieferant für ultraflache Werke. Viele der Uhrwerke stammen von European Watch, einer Tochtergesellschaft von LeCoultre. Im Jahr 1919 wird der Export der Cartier-Uhren dann der European Watch and Clock Co. übergeben, einer Gesellschaft mit Büros in Paris und New York, wo Cartier schon seit geraumer Zeit Filialen besitzt, ebenso wie in London und St. Petersburg. Einige Uhren werden sogar in London und New York unabhängig von der Muttergesellschaft gebaut. In London wird z.B. die Crash Watch geboren, eine Uhr deren Urheberschaft die englischen Designer für sich beanspruchen und mit dem Argument begründen, sie habe mit der berühmten Uhr von Salvador Dali nicht das Geringste zu tun. In den Jahren der Art-deco entdeckt man die afrikanische Kunst, und es erscheinen neue Varianten der Tank. Sie ist nicht nur rechteckig, sondern auch quadratisch oder abgerundet erhältlich. Das Modell Tank Chinois stammt aus dem

Das Modell Panthère mit 18karätigem Goldgehäuse und Goldarmband wurde 1985 vorgestellt. Der Panther war eines der Lieblingstiere von Jeanne Toussaint, und auch Louis Cartier war von diesem Raubtier, das er während einer Afrikareise gesehen hatte, stark beeindruckt. Auf der rechten Seite eine Uhr mit Armband in Massivgold. Die Uhr kann in das Armband eingeschoben werden; die Aufzugskrone befindet sich im Boden. Angefertigt wurde dieses exquisite Modell 1942.

Jahre 1922, ein Jahr später gefolgt von den Modellen Oversize und Cloche.

Luxus liegt im Trend, auch bei den Anhängeuhren. Sie werden häufig als Teil der Damenkleidung den Schmuckarmbanduhren vorgezogen. Worth, der Modekönig, sagt einmal zu Louis François Cartier: „Wir haben eine gemeinsame Mission, nämlich im und für den Luxus zu leben." Sehr gelungen sind auch die Taschenuhren für die Abendgarderobe, die man zu Recht als Herrenjuwelen bezeichnen kann.

Drei Königreiche

Nach dem Tod von Alfred Cartier im Jahre 1925 teilt die Familie das in Europa und Amerika errichtete Imperium auf. Unter den drei Gebrüdern ist Louis für Paris, Pierre für New York und Jacques für London zuständig. Die erste Baguette-Uhr kommt auf, und Jaeger realisiert die Duoplan, bei der Hemmung und Drehmechanismen übereinandergestellt sind. Das erste Exemplar geht im Jahr 1938 als Geschenk an Königin Elisabeth von England. In den zwanziger Jahren interessiert sich Cartier nicht nur für Luxus, sondern auch für den Sport, wie Nadelhoffer, der erste Cartier-Geschichtsschreiber, betont; er erinnert dabei an zwei Armbanduhren von 1925 bzw. 1927. Bei der ersten Uhr, einer Reverso, ist es möglich, das Gehäuse umzudrehen, um es vor möglichen Stößen zu schützen; die zweite Uhr ist für das Golfspiel gedacht, bei der man mit einem kleinen Bleistift, der zur Uhr gehört, die benötigten Schläge notieren kann. Eine Cartier, die Regence, wird als erster Preis auf einem wichtigen Damen-Golfturnier ausgesetzt. Ende der Zwanziger sieht man Uhren auf Feuerzeugen, Zigaretten- und Lippenstiftetuis, wobei die Manufaktur zusätzlich Abendtaschen und Geschenkartikel anbietet. Diese Uhren lassen sich durchaus als Vorreiter der „les must de Cartier" bezeichnen, die 1970 entstehen. Diese Entwicklung wird sehr stark von Jeanne Toussaint, auch „Panther" genannt, beeinflußt. Vier Jahre lang ist sie Louis Cartiers Lebensgefährtin und nach seiner zweiten Heirat bleibt sie für ihn nicht nur engste Mitarbeiterin, sondern wird ab 1933 auch Leiterin für den Bereich „Haute Joaillerie".

Im Zuge der Weltwirtschaftskrise reduziert sich die Nachfrage nach Luxusartikeln, aber gerade in dieser Zeit bestellt der Pasha von Marrakesh El Galoui bei Cartier eine Uhr, mit der er in seinem Schwimmbad auch schwimmen kann. Wahrscheinlich, so meinen die Cartier-Experten, wurde ihm eine wasserdichte Tank mit patentierter Aufzugskrone angeboten. Diese kuriose Begebenheit dürfte Cartier mit Sicherheit bei dem Modell Pasha von 1985 inspiriert haben, das in seiner Ästhetik einem Modell aus dem Jahr 1943 angelehnt ist.

Die Cartier-Uhren werden bevorzugt von Königen und Prinzen getragen. In der Regel sind dies Einzelstücke, wie z.B. eine Tank in Platin und Weißgold mit Platinarmband, die für den Prinz von Nepal angefertigt wird. Im Jahr 1933 entsteht die Vendôme mit zentralen Bandanstößen und etwa zur gleichen Zeit ein biegsames goldenes Rohr, auch Gasrohr oder Schlange genannt, den die Manufaktur als Armband für ihre Uhren verwendet.

Ende der dreißiger Jahre wählt Jeanne Toussaint, die sich schon immer für Uhren besonders interessierte, aus der Londoner Produktion das Modell Domino als Geschenkidee für das Jahr 1939 aus; es ist eine Taschenuhr aus Elfenbein und Email. Während der Nazibesatzung ist in den Schaufenstern der Rue de la Paix ein kleiner Wecker zu sehen, der eine Nachtigall im Käfig darstellt, und von dem man erzählt, er sei von Jeanne

Toussaint inspiriert. Die Deutschen sind darüber sehr verärgert und verhören Jeanne Toussaint. Es gelingt ihr jedoch zu beweisen, daß das Modell bereits seit 1933 in Form einer Armbanduhr existiert und keineswegs als Provokation anzusehen sei.

In den vierziger Jahren scheiden zwei Hauptfiguren aus dem Cartier-Imperium aus. 1941 stirbt Jacques und ein Jahr später auch Louis Cartier. Louis' Sohn Claude, der seiner ungarischen Mutter sehr ähnelt und sich zwanzigjährig bei der amerikanischen Luftwaffe meldet, übernimmt die Cartier-Manufaktur. Er bittet allerdings seinen Onkel Pierre, mit ihm die Firmensitze zu tauschen.

In den fünfziger und sechziger Jahren werden in den Cartier-Uhren oft Werke von Schweizer Manufakturen verbaut. Außer von Jaeger-LeCoultre und Vacheron & Constantin werden Werke von Piaget, Audemars Piguet, Patek Philippe, Movado und anderen verwendet. 1962 verkauft Claude Cartier die Aktien der Cartier New York an Edward Goldstein aus der Juweliergruppe Black Star Frost. Nach Pierres Tod verkauft seine Witwe die Aktien von Cartier Paris an die Gebrüder Danziger.

Im Jahr 1972 werden Robert Hocq, der Erfinder des Cartier-Feuerzeuges von 1968, zum Präsidenten und Alain Dominique Perrin zum Marketingdirektor von Cartier ernannt. 1973 werden zusammen mit den Must de Cartier Neuauflagen berühmter Uhren der Marke vorgestellt. Zu ihnen gehört auch das Modell Tank. Gleich ob mit Quarz- oder Mechanikwerken, alle Modelle tragen den Namen Cartier. Im Jahr 1978 kehrt die Santos zurück, die zu einer der meist kopierten und gefälschten Uhren wird. 1979 entsteht die Cartier Monde, und das Unternehmen erweitert seine Tätigkeit auf etwa 15 Fachgebiete.

Oben im Bild eine Tank Chinois in Gelbgold aus dem Jahr 1925. Gehäuse und Bandanstöße sind geschmackvoll miteinander kombiniert. Unten im Bild das Modell Cloche, bei dem das Armband an einem Bügel angebracht ist. Auch dieses Modell stammt aus dem Jahr 1925. Auf der linken Seite das Modell Santos, vorgestellt 1911, das eine schöne asymmetrische Form aufweist. Darüber ist eine Uhr von 1930 zu sehen, angefertigt in 18karätigem Gold und mit einem LeCoultre-Werk ausgestattet. Diese Uhr kam 1988 bei Tempus in Mailand zur Versteigerung.

Oben im Bild eine moderne Uhr mit zweifacher Zeitzone und zwei Werken; rechts davon eine Tank Grand Modèle mit Mondphasen- und Datumsanzeige. Unten im Bild eine Pasha mit drei Zeitzonen, Datum und Einzelwerk. Ein Cabochon aus gelbem Saphir steuert die Zeiger auf dem goldenen Zifferblatt für die zweite Zeitzone, während ein Cabochon aus grauem Chalzedon für die Zeiger des silbernen Zifferblattes für die dritte Zeitzone zuständig ist. Das große Bild rechts zeigt eine Pasha mit ewigem Kalender; Gehäuse und Armband sind aus 18karätigem Gold. Diese Uhr ist eins der renommiertesten Modelle von Cartier.

In den achtziger Jahren feiern auch die Kollektionen Vendôme und Tortue ihre Rückkehr, während Cartier 1983 — man schenkt dem aktuellen Zeitgeschehen große Aufmerksamkeit — eine Uhr im Stil der Rallye Paris-Dakar präsentiert, die nur in zwei Exemplaren herausgegeben wird. 1984 folgt die Panthère, zuerst in Gold mit Brillanten und später auch in satiniertem Stahl, mit goldenen Schrauben und einem Armband aus Gold- und Stahlgliedern. Im Jahr 1985 erscheint die Pasha, ein Modell der Extraklasse, das in verschiedenen Variationen angeboten wird. Als Golfspieler-Modell, Chronograph, Ewiger Kalender, Minutenrepetition und 1991 schließlich als Modell in Stahl. 1986 wird die Kollektion „21" präsentiert, die für ein junges Publikum gedacht ist. Zwei Jahre später kauft die Cartier-Monde Piaget und Baume & Mercier auf.

Im Jahr 1989 stellt sich die neue Version der Tank vor, die Tank Amerika, die etwas größer als das Original ist. Neben Sportuhren werden von Cartier auch weiterhin die renommierten Schmuck-Uhren produziert.

CARTIER
DIM
SAM
VEN
JEU
MER
MAR
JAN
MAR
MAI
JUL
SEP
NOV
BISSEXTILE
SWISS

Der Chronograph mit ewigem Kalender und Mondphase, gefertigt für einen Weltmeister der Formel 1. Das Werk besitzt einen automatischen Aufzug, besteht aus 370 Komponenten und bietet 10 Funktionen. Auf der Sicherheitsschließe ist das Logo des Hauses Ebel eingraviert. Die fünf Schrauben, über die jede Uhr dieser Kollektion verfügt, werden von Hand angezogen und stellen eine Besonderheit dieses Modells dar.

Ebel

Ein Name geht um die Welt

Achtzig Jahre leidenschaftlicher Arbeit. Dritte Generation der Familie Eugène Blum schafft Durchbruch auf internationaler Ebene. Die Geschichte von Beluga, Voyager und Lichine.

In der Schweiz ist es von jeher üblich, im Firmennamen der Uhrenmanufakturen die Familiennamen der Gründer zu führen, vor allem wenn sie auf ihrem Gebiet bereits auf eine gewisse Tradition zurückblicken können. Ebel aber beschreitet in dieser Hinsicht neue Wege. Eugène Blum, der sein Atelier 1911 ins Leben ruft, entscheidet sich für Ebel, nachdem er seine eigenen und die Initialen seiner Ehefrau Alice zu „Eugène Blum et Lévy" zusammengefügt hat.

Auf den Zifferblättern, die die Manufaktur in La Chaux-de-Fonds verlassen, taucht das eigene Logo allerdings nicht sehr häufig auf. Die Manufaktur beschränkt sich vorwiegend auf den Zusammenbau von Uhren, die fast immer den Namen der Kunden tragen. Ihre Arbeit erregt jedoch Aufmerksamkeit, und die Klientel wächst langsam, aber beständig. Die Uhren des Hauses Ebel, die selbst auf Ausstellungen Anerkennung finden und Preise verliehen bekommen, erlangen einen immer größeren Bekanntheitsgrad, und nach Ende des ersten Weltkrieges kommt der große Erfolg mit einem sehr flachen Uhrwerk, das sich trotz seines recht hohen Preises erstaunlich gut verkauft.

Charles, der Sohn des Gründers, übernimmt 1932 die Leitung des Unternehmens und führt den von seinem Vater eingeschlagenen Kurs fort. Er vermag es, die Rezession sowie die nachfolgenden Kriegswirren erfolgreich zu meistern, und es gelingt ihm, das Verkaufsnetz der Firma auszubauen. Ebel ist nun selbst in entlegenen Ländern ein Begriff. Es kristallisiert sich jedoch mit der Zeit heraus, daß am Uhrenfirmament von Ebel keine großen Neuerungen zu erwarten sein werden. Die Weichen für die Zukunft scheinen gestellt, doch die dritte Generation des Hauses sorgt für einen radikalen Kurswechsel.

In jungen Jahren interessiert sich Pierre-Alain Blum nicht sonderlich für Uhren. Selbst auf Anraten der Familie hin läßt er nicht von seinem Vorhaben ab, Ingenieur zu werden. Mehrere Jahre lang ist er als Student der Elektrotechnik eingeschrieben. Im Laufe der Zeit erschöpft sich jedoch seine Begeisterung, und er schreibt sich statt dessen in einem Institut für Uhrmacher ein. Doch auch in diesem Bereich zeigt er wenig Ausdauer, und eines schönen Tages entscheidet er sich, in die Vereinigten Staaten auszu-

Die Lichine von 1991, ein „Grand Cru Classé" der Uhrmacherkunst. Darunter die Voyager Atlas, vorgestellt in vier Versionen, jede limitiert auf 80 Exemplare.

wandern, um dort zu arbeiten. Mittlerweile schreibt man das Jahr 1964, und die Firma in New York, für die er tätig ist, importiert Waren aus der Schweiz, Uhren inbegriffen. Sein kaufmännisches Betätigungsfeld ist ihm wie auf den Leib geschrieben. In nur wenigen Jahren steigt das Umsatzvolumen von 3 auf 21 Millionen Dollar. Der Inhaber, Lucien Picard, erweist sich dankbar und bietet ihm eine Teilhaberschaft an dem Unternehmen an. Pierre-Alain unterrichtet seine Eltern von der Neuigkeit, doch der Vater zeigt sich nicht sonderlich von der Idee begeistert und fordert seinen Sohn statt dessen auf, in die Schweiz zurückzukehren, um ihm in der Manufaktur zur Seite zu stehen. Um seinem Wunsch Nachdruck zu verleihen, schreibt er seinem Sohn „sonst verkaufe ich", worauf der Sohn antwortet „dann verkaufe ruhig". Hätten beide auf ihrem Standpunkt beharrt, würde man heute über Ebel wohl kaum noch ein Wort verlieren. Ein letzter Appell aus der Schweiz bringt Pierre-Alain jedoch dazu, seine Entscheidung zu revidieren und in seine Heimat zurückzukehren. In La Chaux-de-Fonds verdient er nun zehntausend Dollar im Jahr, während es in Amerika hunderttausend waren. Die Zusammenarbeit mit dem Vater erweist sich als schwierig, da er immer noch als „der kleine Junge" angesehen wird, der Anordnungen zu befolgen und Entscheidungen zu respektieren hat. Ein Unfall jedoch veranlaßt Charles, sich aus der Fertigung zurückzuziehen, woraufhin Pierre-Alain mit der Leitung des Unternehmens betraut wird. In drei Jahren gelingt es ihm, den Umsatz zu verdoppeln.

1973 überschreibt ihm der Vater 70 Prozent der Anteile, und zwei Jahre später ist Pierre-Alain alleiniger Inhaber von Ebel.

Zwei antike Stücke. Oben ist ein rechteckiges Modell zu sehen, das mit dem mechanischen Werk ETA 737 ausgestattet ist. Angefertigt wurde diese Uhr im Jahre 1928. Unten rechts ein Chronograph von 1936 in einem Stahlgehäuse mit versilbertem Zifferblatt und rechteckigen Drückern. In den Anfangsjahren der Manufaktur taucht auf den Zifferblättern zwar selten der Name Ebel auf, was aber aber die Öffentlichkeit nicht daran hindert, diesen Uhren große Anerkennung zu zollen.

Diese wundervollen Schmuck-Uhren wurden von Ebel angefertigt, heute vor allem im Bereich der Sportuhren ein Begriff. Auf der Pariser Ausstellung des Jahres 1925 präsentierte das Atelier aus La Chaux-de-Fonds sechs wunderbar gearbeitete Armbanduhren aus Platin. Neben Lederarmbändern stellte man auch fein gearbeitete Armbänder aus Gold sowie ebenso schöne Pendentisse-Uhren vor, darunter auch eine Taschenuhr im Art-Deco-Stil.

Das obere Bild zeigt eine goldene Automatic mit Chronograph, ewigem Kalender und Mondphase. Unten ist eine elegante goldene Automatic mit zentraler Sekunde zu sehen. Die klassische Linienführung des Gehäuses veranschaulicht sehr deutlich die Entwicklung des angewandten Designs.

In der Firmenentwicklung spielt Cartier eine bedeutsame Rolle. In den siebziger Jahren beginnt das Pariser Unternehmen, sich stark auf dem Uhrensektor zu engagieren und sucht aus Prestigegründen eine Schweizer Manufaktur als Partner. Ein Treffen zwischen Pierre-Alain Blum und Vertretern von Cartier führt zu einer Zusammenarbeit, die sich immer besser entwickelt, aber auch die Maison aus La Chaux-de-Fonds veranlaßt, ihr Renommée mit einer eigenen Kollektion auszubauen. Ein bekannter Schweizer Designer entwirft das Modell Leader. Ende der Siebziger wird die Modellreihe Sport präsentiert. Menschen und Computer arbeiten Seite an Seite, und so führen Styling und Industriedesign zu einem Monocoque-Gehäuse (Monoblock), auf dem etliche Modelle basieren, die von Uhrenliebhabern in aller Welt geschätzt werden. Das Sport-Armband aus 190 gewundenen Kettengliedern wird noch heute produziert.

Ein ebenso großer Erfolg wird das Modell Beluga, das, nach einer Haifischart benannt, in verschiedenen Versionen vom Grand Modèle bis zum Deux Compteurs Automatique mit Wochentags- und Datumsanzeige angeboten wird. Die Armbandbefestigung ist versteckt ausgeführt und unterstreicht die Eleganz des einmaligen Gehäuses. Das sportlich orientierte Publikum wird mit einem Chronographen und der etwas anspruchsvollere Kunde mit einem automatischen Quantième Perpetuel mit Mondphase bedient.

Pierre-Alain Blum ist wie ein Vulkan. Er weitet sein Aktionsfeld sogar in Bereiche aus, die nicht viel mit der Uhrmacherei zu tun haben, der Öffentlichkeit aber verborgen bleiben. Er ist ein glühender Verfechter modernster Marketing- und Kommunikationsstrategien. Sein Erfolg gibt ihm Recht, vor allem als sein Freund Alain Prost einen Grand Prix der Formel 1 mit einer Ebel am Handgelenk bestreitet. Er gewinnt, und sein zum Sieg erhobener Arm katapultiert die Uhr zum Gesprächsstoff in der gesamten Automobilwelt. Er bleibt nicht der einzige Formel-1-Pilot, der eine Ebel trägt und somit für Werberummel sorgt. Auch die Sponsoraktivitäten nehmen erheblich zu.

Die Architekten der Zeit

Ende der siebziger und Anfang der achtziger Jahre prägt das Unternehmen den Begriff „Architekten der Zeit". Dieser Slogan soll die Firmenphilosophie prägnant beschreiben und dient ebenfalls als Vehikel für das Engagement auf kultureller Ebene. Man sponsort Konzerte und restauriert alte Gebäude, wie beispielsweise im Zentrum von Manhattan, wo man die Backsteinfassade aus dem Jahre 1910 mit einer ganz nach den Bedürfnissen von Ebel USA ausgerichteten modernen Innenarchitektur kombiniert. Ein Beispiel ist auch die Villa Turca in La Chaux-de-Fonds, erbaut von Charles Edouard Jeannert, besser bekannt als Le Corbusier. Die Stadt der Uhren ist Geburtsort des berühmten Architekten, und zu seinem 100. Geburtstag ehrt ihn Ebel mit der Einweihung der Villa Turca als Public-

Im Jahr 1991 feiert Ebel sein achtzigjähriges Bestehen und präsentiert unter den Jubiläumskollektionen auch die Modellreihe Lichine, deren Namensgebung von den berühmten französischen Weinen inspiriert wurde. Hier eine Automatic mit Anzeige der Gangreserve und Datum auf der 6-Uhr-Indikation. Zu den Modellen Senior und Junior in Gold gesellt sich 1992 auch eine Variante in Stahl mit Index auf der Lünette.

Relations-Zentrum. In aller Welt eröffnet Ebel nun Boutiquen, die neben Uhren auch Schmuck, Brillen und Federhalter anbieten. Anfang der Neunziger unterzeichnet Ebel mit einem der bedeutendsten britischen Hersteller von Lederartikeln ein Abkommen. Alle Aktivitäten, die Ebel auf der ganzen Welt bekannt machen, unter anderem auch die Messepräsentation in Basel, vertraut man der Erfahrung und dem guten Geschmack einer Frau an, die nicht nur eine begnadete Innenarchitektin ist, sondern auch ein Studium des Pianoforte am Pariser Konservatorium absolvierte und sich zudem als Journalistin betätigte.

Uhren und Jubiläen

Im Jahr 1986 wird zur Feier des 75. Jahrestages der Firmengründung das Modell 1911 vorgestellt, das nicht nur an das Gründungsjahr, sondern auch an die traditionellen Elemente Qualität und Ästhetik erinnern soll. Ebenfalls Mitte der achtziger Jahre präsentiert man die Voyager, eine Automatic mit einer Mechanik, die synchron zur lokalen Zeit auch die Zeit in allen wichtigen Großstädten der Welt anzeigt. 1990 entschließt sich Ebel, in Italien ebenfalls eine Filiale zu eröffnen. Von dort kommt die Idee, eine Uhr für Linkshänder zu produzieren.

1991 feiert die Maison ihr achtzigjähriges Bestehen, und die neue Kollektion beinhaltet unter anderem einen Chronographen aus Weißgold mit oder ohne ewigem Kalender, beide mit Automatic, die Lady 1911, die Junior 1911, die Beluga Junior und eine neue Voyager, Atlas getauft, in vier verschiedenen Zifferblattversionen aus mehrfarbigem Email. Von diesem Modell erscheinen 320 Exemplare, 80 von jeder Zifferblattvariante. Ebenfalls im Jahr 1991 erblickt eine weitere neue Kollektion das Licht der Welt, die Lichine. Mit einem Namen, der dem Grand Cru Classé du Médoc, dem Château Prieuré-Lichine, gewidmet ist, präsentiert sich eine Uhr aus einer Uhrenschmiede, die wie das Weingut ebenfalls außergewöhnlich ist. Er werden zwei Versionen mit mechanischen Werken vorgestellt: eine Automatic mit zwei Federtrommeln und eine Automatic mit Anzeige der Gangreserve. Das Gehäuse ist aus Gold, die Zifferblätter in drei Design-Varianten, Patchwork, Rosette und Rayon d'Soleil, mit breit gefächerter Farbpalette und in den Größen Senior und Junior erhältlich. Ende 1991 stellt sich dieses Modell in einer Edition aus Platin mit Guilloché-Zifferblatt und, in Erinnerung an das achtzigjährige Jubiläum, in einer Auflage von 80 Exemplaren vor. 1992 schließlich gibt es das Gehäuse auch in einer Stahlversion mit Leder- oder Metallarmband.

Auf der Orogemma di Vicenza 1992 stellt Ebel eine neue Voyager mit ungewöhnlichem Zifferblatt vor, das Modell Geo. Darauf ist ein Ozean zu sehen, auf dem die Kontinente abgebildet sind. Sie ist in einer Version aus Stahl, Stahl/Gold oder Gold erhältlich; die Ausführungen der Zifferblätter variieren zwischen mattiertem Silber, Schwarz oder mattiertem Gold; das Werk weist einen automatischen Aufzug auf. Passionierte Taucher können zwischen mehreren neuen Versionen der Discovery wählen, die unter Wasser einem Druck von 20 Atmosphären standhält. Unter den in den neunziger Jahren in Kommission hergestellten Modellen sticht besonders eine Automatic mit Chronograph, ewigem Kalender und Mondphase hervor.

Das Bild zeigt die Beluga in Gold mit ihrer unverwechselbaren Gehäuse-form. Hier das Modell mit ewigem Kalender und Mondphasenanzeige. Die ersten Beluga-Modelle wurden Anfang der Achtziger vorgestellt, gefolgt von einer Variation des Themas, der Beluga Silk, Anfang der Neunziger. Das Zifferblatt wurde mit Brillanten besetzt und das seidene Armband mit Leder gefüttert. Links zu sehen ist das Modell für Linkshänder, das 1990 auf Initiative der italienischen Filiale hin präsentiert wurde.

Ein Chronograph im Stil der Dreißiger mit abgerundeten Drückern, Tachymeter- und Telemeter-Skala sowie einem Scharnierboden. Der erste Eberhard Chronograph mit zwei Drückern stammt von 1935. Der erste Taschenchronograph wurde dagegen bereits im Jahr 1800 entwickelt, als Georges Emile Eberhard sich in einem kleinen Atelier selbständig machte und beschloß, Qualitätsuhren zu produzieren. Die Chronographen werden zum Aushängeschild der Manufaktur und sind in der ganzen Welt geschätzt.

Eberhard

Die Chronographenexperten

Chronographen seit 1800. Die Eroberung internationaler Märkte. Modelle für verschiedene Sportarten. „Frecce Tricolori" und eine erfolgreiche „Replica".

In St. Imier, dem Geburtsort vieler berühmter Uhrmacher, wird im Jahr 1865 auch Georges Emile Eberhard geboren. Seine Familie kommt aus Bern, und ihr Stammbaum reicht bis in das 10. Jahrhundert zurück. Der ehrgeizige Georges Emile sieht seine Zukunft jedoch nicht in St. Imier, sondern entscheidet sich, nach La Chaux-de-Fonds zu ziehen in der Hoffnung, dort seine Uhrmacher-Fähigkeiten beweisen zu können. 1887, als er nach seiner Lehrzeit genug Geld gespart hat, macht er seinen Traum wahr und sich auf den Weg nach La Chaux-de-Fonds, um dort ein Atelier zu eröffnen. Es gibt reichlich Arbeit, seine Kunden sind zufrieden, und Eberhard entschließt sich, die Werkstatt gegen eine Verkaufstätigkeit zu tauschen. Er ist der Überzeugung, daß der Besitzer eines Ateliers seine Uhren selbst vermarkten sollte. Er reist mit den verschiedensten Verkehrsmitteln durch Europa und unternimmt jede Anstrengung, neue Kunden zu werben.

Die hohe Qualität seiner Uhren, seine phantasievollen Ideen und sein ausgeprägter Geschäftssinn führen zu einer kontinuierlich ansteigenden Produktion.

Im Jahr 1906, knapp zwanzig Jahre nach Gründung seines ersten Ateliers, eröffnet Eberhard inmitten der Stadt eine große Firma. Dort befinden sich nicht nur Werkstatt und Büros, sondern auch das Heim der Familie. Zu diesem Zeitpunkt beschließt der Meister, die Produktion

Unten im Bild ein Chronograph mit Scharnierboden aus den vierziger Jahren. Die Tachymeter-Skala auf dem Zifferblatt ist zentral angeordnet und verläuft spiralförmig nach innen, während die Telemeter-Skala außen liegt.

Ein schöner Chronograph im Stil der Fünfziger mit komplettem Kalendarium und Telefoneinheiten-Einteilung. Außen auf dem Zifferblatt sind Tachymeter-Skala sowie Tages- und Monatsanzeige zu sehen. Die Mechanik wurde sehr fein bearbeitet. Unten im Bild zwei Chronographen der Replica als Unisexmodell.

seiner Uhren umzustellen. Statt Uhren für ein breiteres Publikum zu fertigen, konzentriert er sich auf die anspruchsvollere Herstellung von sehr präzisen und komplizierten Uhren. Er entwickelt einen Taschenchronographen, der der Urvater einer großen Chronographen-Familie sein wird. Unter den Taschenuhren, die über die Jahre produziert werden, finden sich auch zwei Chronographen aus Gold. Der eine besitzt Stunden- und Viertelstundenrepetition, der andere außer den beiden Repetitionen zusätzlich noch einen ewigen Kalender und eine Mondphasenanzeige.

Im Jahr 1919 wird die Firmenleitung von Georges Emiles Söhnen Georges und Maurice übernommen. Die Ära der Armbanduhren rückt immer näher, und der erste Eberhard-Chronograph mit Drücker wird zu einem Bestseller der zwanziger Jahre. In einer Zeit, in der die technische Entwicklung die Uhrmacherwelt begeistert, vernachlässigt Eberhard das Design jedoch nicht und präsentiert Modelle wie den Chronographen mit beweglichem Bandanstoß und Scharnierboden. Auf den Zifferblättern erscheinen oft Telemeter- und Tachimeter-Skalen in verschiedenen Farben, wobei oftmals eine spiralförmig auf dem Zifferblatt aufgedruckt ist. Im Jahr 1930 fertigt die Manufaktur einen Automatikchronographen und 1935 einen Chronographen mit zwei Drückern. Drei Jahre später gesellen sich zu dem Minutenzähler Chronographen mit zusätzlichem Stundenzähler. 1939 rundet ein Rattrapante mit Stundenzähler die Chronographen-Kollektion ab. Ein großer Erfolg wird auch der Schleppzeiger-Chronograph Extrafort mit rundem Drücker für die Funktionen Start, Stopp und Nullstellung. Der Drücker bei der 2 ist für die Schleppzeigerfunktion, der Drücker bei der 4 blokkiert dagegen die Chronographenfunktion, die früher durch Armbewegungen versehentlich ausgelöst werden konnte.

Der zweite Weltkrieg bringt den Export in eine schwierige Lage, aber Firmenleitung und Belegschaft halten zusammen und warten geduldig auf das Ende des Krieges. 1942 trifft der Tod von Georges und der des Fabrikleiters M. Chatelain, der über dreißig

Eberhard realisierte ebenfalls Chronographen mit beweglichem Index nach dem Patent von George Dubey und René Schaldenbrand, zwei Meistern der Uhrmacherkunst. Die Spirale ist an der unteren Trotteuse befestigt. Beim Betätigen des Drückers blockiert die Trotteuse, während sie beim Loslassen ihre Position wieder einnimmt. Diese Vorrichtung ermöglicht eine Spaltung von nur einer Minute.

Jahre lang der Familie zur Seite gestanden hatte, das Unternehmen schwer. Maurice Eberhard ist nun alleiniger Inhaber des Hauses und wählt als Verkaufsleiter André Wasem aus. Nach Ende des Krieges kehren auch die angestammten Kunden zurück und neue können gewonnen werden. Auf Grund der stetig wachsenden Nachfrage im Bereich Damenuhren entwickelt Eberhard speziell dafür neue Kaliber, die man in besonders raffinierte, mit Diamanten und anderen Edelsteinen besetzte Gehäuse einsetzt.

1946 nimmt die Manufaktur zum ersten Mal an der Baseler Ausstellung teil. Zu einer Zeit, in der zwischen Arbeitgebern und Arbeitnehmern große Spannungen herrschen, zeigt man bei Eberhard, daß es auch anders geht und läßt alle Mitarbeiter auf Firmenkosten versichern.

Ein Jahr später, zum 60. Jahrestag des Unternehmens, veröffentlicht Eberhard folgendes Mitteilungsblatt: „Mit Erstaunen stellen wir fest, wie sehr der Krieg und die damit verbundene Menschenvertreibung, die jeden Krieg als traurigen Umstand begleitet, dazu beigetragen haben, die Qualität der Uhren des Hauses Eberhard & Co. in der ganzen Welt zu verbreiten. Soldaten, Vertriebene und Gefangene sind Botschafter dieser Marke geworden, die sie nie enttäuscht hat, auch nicht unter den schlimmsten Bedingungen. Heute wächst die Nachfrage nach unseren Uhren von Tag zu Tag und nimmt bereits unvorstellbare Dimensionen an. In dieser Zeit des internationalen wirtschaftlichen Wiederaufbaues hat unsere Branche große Schwierigkeiten, der Nachfrage gerecht zu werden, da wir auf die wenigen vorhandenen Rohstoffe angewiesen sind". Zudem beklagt sich die Manufaktur über die restriktiven Importmaßnahmen mancher Länder gegenüber Uhren höherer Preis-

klassen, die als Luxusgüter angesehen werden und daher einer überaus hohen Zollabgabe unterliegen. Der Manufaktur würde es keine Schwierigkeiten bereiten, ihre Firmenpolitik zu ändern und auf Massenproduktion umzustellen. Das würde jedoch alle Bemühungen der vergangenen Jahre zunichte machen, und so bleibt man in der Hoffnung auf bessere Zeiten bei der Produktion wertvoller Uhren. In den fünfziger Jahren präsentiert man eine Neuheit auf dem Markt: die Schnelleinstellung des Datums.

1962 kommen bei einem Autounfall die Tochter von Maurice und ihr Ehemann André Montadon ums Leben. Maurice Eberhard zieht sich aus dem Geschäftsleben zurück und stirbt 1976, nachdem er das Unternehmen in Schweizer Hände übergeben hat.

Erfolg der Replica

In La Chaux-de-Fonds findet man mehrere, gut erhaltene antike Uhrwerke. Daraufhin entschließt man sich

Der Chronograph Magie Noire erinnert in der Form des Gehäuses an die berühmten Modelle der Vergangenheit. Auf dem Zifferblatt erscheinen drei kreisförmige Skalen. Der Tachymeter dient der Geschwindigkeitsmessung, der Telemeter der Entfernungsmessung, und die dritte Skala der Pulsationsmessung. Die linke Seite zeigt den Chronographen, der Tazio Nuvolari gewidmet wurde. Das Modell wirkt durch seine Instrumententafel-Optik aus dem Automobilbau sehr sportlich.

neue, den alten identische Gehäuse zu bauen. Die so entstehende Kollektion Replica tritt einen triumphalen Siegeszug an. Auch die komplette Neuauflage alter, historischer Modelle trifft immer wieder auf uneingeschränkte Zustimmung. Anlässlich des 100. Jubiläums zeigt Eberhard einen automatischen Chronographen mit Datum, Tages- und Monats- sowie Mondphasenanzeige. Diese Navimaster genannte Uhr ist ebenfalls eine Neuauflage eines alten Modells. Mit der Cronomaster und der „Frecce Tricolori", getauft nach der italienischen Kunstflugstaffel, deren Symbol auf dem Zifferblatt erscheint, und die in verschiedenen Modellvarianten erhältlich ist, wendet sich Eberhard der Luftfahrt zu.

Danach beschäftigt sich die Manufaktur wieder mit Taucheruhren. Erstes Ergebnis der Entwicklung ist die Grande Croisière, gefolgt von der Mareoscope, die fähig ist, den Gezeitenzyklus anzuzeigen und der Scafomaster, die bis zu einer Tiefe von 500 m absolut wasserdicht ist.

Im November 1991 wird zum 100. Geburtstag von Tazio Nuvolari, dem großen italienischen Rennfahrer, der bei seinen Rennen eine Eberhard am Handgelenk trug, ein besonderer Chronograph gewidmet. Auf Zifferblatt und Boden ist die Schildkröte abgebildet, die Gabriele D'Annunzio dem „fliegenden Mann aus Mantua" einmal geschenkt hatte, versehen mit der Widmung „dem schnellsten Fahrer das langsamste Tier" und Tazio Nuvolaris Unterschrift. Das mit Skalen versehene schwarze Zifferblatt erinnert an die Instrumente im Armaturenbrett des sagenumwobenen Alfa Romeo, dem Wagen, der die Mille Miglia gewann. Die Ablesbarkeit ist durch den erweiterten Durchmesser der Zähler erheblich verbessert, das Werk ist automatisch und besitzt eine Glucydur-Unruh.

Parallel zu den Sportmodellen, für die Eberhard sehr bekannt ist, werden in der Produktion von Damenuhren sowohl mechanische als auch Quarzwerke verwendet. Letztere finden ihren Weg jedoch erst gegen Ende der sechziger Jahre, als die Elektronik auf den Markt drängt.

In den Neunzigern fertigt man auch Chronographen, die von Damen und Herren getragen werden können. Die absolute Neuheit des Jahres 1992 ist der Chronograph Champion Discope mit Automatic sowie 24-Stunden-Anzeige für die zweite Zeitzone auf der 3 und zusätzlicher 12-Stunden-Anzeige.

Die Kollektion Frecce Tricolori, ein Chronograph, der im Jahr 1986 für die italienische Kunstflugstaffel gebaut wurde. Auf dem Zifferblatt sind Flugzeuge in den italienischen Nationalfarben angedeutet. Verschiedene Modelle sind mit Leder- oder Metallarmband erhältlich. Oben das Modell mit doppelter Zeitzone und unten das Modell mit Datum.

Die Kollektion der neunziger Jahre beinhaltet sportliche und elegante Modelle gleichzeitig, beispielsweise das Modell Grande Croisière mit Datum, 12-Stunden- und 24-Stunden-Anzeige. Das Zifferblatt zeigt die traditionellen Signalflaggen. Für Wassersport-Begeisterte bietet die Manufaktur aus La Chaux-de-Fonds das Modell Mareoscope, das über eine Gezeitenzyklus-Anzeige verfügt.

Girard-Perregaux
No 1

Girard-Perregaux

200 Jahre Uhrengeschichte

Zwischen dem ersten Atelier von Jean François Bautte des Jahres 1791 und dem Jubiläumsjahr 1991 liegen zwei Jahrhunderte Tradition. Präzisionswerke und große Komplikationen. Zahlreiche Patente.

Im Jahr 1991 feiert Girard-Perregaux seinen 200. Jahrestag mit einem außergewöhnlichen Armbanduhrenmodell, der „tourbillon sous trois ponts d'or". Dieses Meisterwerk der Technik, das einen großen Erfolg des 18.Jahrhunderts – damals als Taschenuhr präsentiert – wieder aufgreift, ist Ausdruck des ganzen Könnens jener Uhrmachermeister, die diese Manufaktur berühmt gemacht haben. Damals wie heute, bei dem Gründer Jean François Bautte als auch bei den Maîtres Horlogers unserer Zeit, herrscht derselbe Qualitätsanspruch. Sogar der Konservator des internationalen Uhrenmuseums in La Chaux-de-Fonds, André Curti, erklärt zur Präsentation der auf 20 Exemplare begrenzten Neuauflage der Taschen-Tourbillon im Jahre 1982, daß sich heutige Meister nicht vor einem Vergleich mit Meistern vergangener Tage zu scheuen brauchen und diese Uhr „in punkto Qualität das Maximum dessen darstellt, das zu sehen ich bisher in meinem ganzen Leben Gelegenheit hatte". Die erste Taschenuhr mit Tourbillon feiert ihren Auftritt im Jahr 1865 und sowohl auf der Pariser Ausstellung 1867 als auch 1889 wird ihr die Goldmedaille verliehen. 1890 registrieren die Bücher der Manufaktur bereits 20 Exemplare. Als berühmtestes unter ihnen gilt „La Esmeralda" mit fein gearbeitetem Gehäuse; man erzählt sich, daß sie im Besitz des mexikanischen Präsidenten sei. Zwischen der Tourbillon für das Handgelenk, für die etliche technische Unwägbarkeiten zu überwinden waren, und der Taschenversion gibt es einen bedeu-

Die Eleganz dieses rechteckig geformten Modells wird durch die besonderen Befestigungspunkte des Armbandes betont. Links ist das Meisterwerk zu sehen, das zum zweihundertjährigen Firmenjubiläum vorgestellt wurde: die berühmte Tourbillon „sous trois ponts d'or" in einem Gehäuse aus Platin.

tenden Unterschied. Unter dem Saphirglas ist die gleiche Mechanik des Zifferblatts zu sehen, nur daß die drei Goldbrücken, die sich damals auf der Rückseite befanden, heute voller Stolz auf der Vorderseite präsentiert werden. Bei der Herstellung verwendet man Platin oder aber Gelb- oder Roségold. Es ist sicherlich ungewöhnlich, die Geschichte über ein solch bedeutendes Atelier mit einem Modell zu beginnen, das bereits vor 200 Jahren Schlagzeilen machte, aber es veranschaulicht doch sehr deutlich den Werdegang des Unternehmens. Jean François Bautte verliert bereits als kleiner Junge beide Elternteile, beginnt im Alter von 12 Jahren zu arbeiten und lernt alles, was es in der Werkstatt über das Uhren- und Goldschmiedehandwerk zu erlernen gibt. 1791 zeichnet er neunzehnjährig bereits für wundervolle Uhren verantwortlich und zwei Jahre später, mittlerweile zum Partner seines Arbeitgebers Jacques Dauphin avanciert, trägt er sich in das Genfer Handelsregister ein. Intelligent und ehrgeizig wie er ist, liest er viel und bringt sich vieles selbst bei. Problemlos kommt er mit allem zurecht und hat schließlich auch Erfolg, der ihm zu Ansehen und Wohlstand verhilft. Um 1830 ist er bereits als Industrieller in ganz Europa bekannt und sein Unternehmen, das Uhrwerke, Uhrengehäuse, Zifferblätter, Juwelen und automatische Werke produziert, zählt gut 300 Angestellte. Seine Schmuckuhren gefallen den Reichen und Mächtigen so gut, daß sich ein Schmuggelgeschäft von der Schweiz nach Frankreich entwickelt. Noch heute geht die

Ein außergewöhnliches Zusammentreffen: die Reedition aus dem Jahre 1982 der Taschenuhr mit Tourbillon, die erstmals 1865 vorgestellt wurde, und die moderne Tourbillon für das Handgelenk.

Geschichte von einem Pariser Polizeiinspektor, der sich als bekannter Uhrmacher ausgibt und bei Bautte die „diskrete" Lieferung einer Savonetteuhr in Auftrag gibt, den zuständigen Zollbeamten aber die Anweisung erteilt, die Lieferung streng zu untersuchen. Der Erfolg seiner Mission sollte ihm jedoch nicht vergönnt sein, da Bautte den Schwindel durchschaut und sich daraufhin das Vertrauen eines Bediensteten des Inspektors erwirbt, der wiederum die Uhr im Gepäck seines Herrn versteckt. Natürlich entwarf Bautte diese ultraflachen Modelle nicht um Zollbeamte zu hintergehen, aber man kann sich vorstellen wie begehrt diese Uhren bei europäischen Adligen und beim Klerus waren.

Unter den Meisterwerken Jean François Bauttes befindet sich ebenfalls eine Miniaturuhr, die mittels eines goldenen Schlüssels aufgezogen wird und in einem Gehäuse aus zwei Florentiner Dukaten des Jahres 1828 sitzt. Dieses Schmuckstück, geschützt durch ein Etui aus Schildkrötenpanzer, soll angeblich ein Geschenk von Großherzog Leopoldo II di Toscana an Lady Hamilton gewesen sein. Heute befindet es sich im Museum von Girard-Perregaux in La Chaux-de-Fonds. 1837 stirbt Bautte und überträgt seinem Sohn Jacques und dessen Schwiegersohn Jean Samuel Rossel die Leitung der Firma, die nun im Namen den Zusatz „& Cie" trägt. Zwanzig Jahre danach übernimmt Jacques Rossel, Sohn von Jean Samuel, die Geschäfte und beginnt eine starke Vorliebe für Chronometer zu entwickeln. 1883 ändert er als alleiniger Inhaber den Firmennamen in „J. Rossel Fils", muß aber erkennen, daß die Manufaktur ewig das Atelier Bautte bleiben wird. 1897 stirbt er, und das Unternehmen geht an Felipe Hecht und seinen Sohn Jean, die 1906 das Know-how des Hauses an Constant Girard-Gallet, einen entfernten Verwandten, weitergeben, der Mitinhaber eines ebenfalls traditionsreichen Hauses ist. Constant Girard-Gallet wird 1825 geboren, und 1852 gründet er mit seinem Bruder Numa ein Uhrmacheratelier. Zwei Jahre drauf heiratet er Marie Perregaux, die wie er aus einer Uhrmacherfamilie stammt, und 1856 gründet man zusammen das Unternehmen Girard-Perregaux. Ihre Uhren sind wahre Kostbarkeiten, die unter anderem auch von der Kirche erstanden und in wertvolle Kruzifixe eingesetzt werden. Würdenträger aus ganz Europa treffen in La Chaux-de-Fonds ein, um diese Uhren zu erwerben, die auf Ausstellungen Preise erringen und sehr viel Anerkennung ernten. 1897 liefert Girard-Perregaux an die deutsche Marine eine Uhr mit Lederarmband und einem metallenen Schutzgitter als Glasschutz. Sie findet so großen Anklang, daß zweitausend Exemplare nachbestellt werden. Constant Girard-Perregaux erhofft sich von dieser Neuheit auch in Amerika großen Erfolg, aber die Resonanz in der Neuen Welt ist nicht nur zurückhaltend, sondern eher ablehnend, auch wenn Constant Girard-Perregaux dort als fähiger Geschäftsmann bereits über ein gewisses Ansehen verfügt. Er eröffnet dort Geschäfte, die er seinen Kindern anvertraut. Als er 1903 stirbt, hinterläßt er ein sehr großes Vermögen. Das Unternehmen wird

Für die Olympischen Spiele führt Girard-Perregaux eine sympathische Tradition ein: den Chronographen „Olimpico". Erstmals wird er zur Olympiade 1988 präsentiert. Selbst in kleinen Details zeigt sich die hervorragende Verarbeitung. Die GP 4900 verfügt über ein mechanisches Werk mit automatischem Aufzug. Rechts ist ein wunderschönes Guilloché-Zifferblatt mit römischen Ziffern und einer Puls-Skala zu sehen.

BASE 30 PULSATIONS
Girard-
Perregaux
automatic
SWISS
MADE

Das Bild unten zeigt die Anno 1991 mit elegantem Rechteckgehäuse, präsentiert zur Feier des zweihundertjährigen Bestehens. Rechts zu sehen ist eine der ersten Militäruhren, versehen mit einem Schutzgitter. Ganz rechts präsentieren sich die Modelle der GP-90-Kollektion, vorgestellt in Basel 1990. Alle Modelle verfügen über eine Datumsanzeige. Das Damenmodell mit Brillantenbesatz besitzt ein Quarzwerk, das Modell in der Mitte weist eine Anzeige der Gangreserve auf, und das Modell unten zeichnet sich durch ein Zifferblatt mit 24-Stunden-Indikation aus.

von seinem Sohn Constant Girard-Gallet weitergeführt, der ebenfalls die Tradition des Hauses Bautte weiterführen soll.

Hohe Präzision

Anfang des Jahrhunderts wird ein Chronometer von Girard-Perregaux gut 17 Jahre in Folge für seine Ganggenauigkeit ausgezeichnet. 1967 sind 73 Prozent der Uhren, die das Observatorium in Neuchâtel mit einem Zertifikat verlassen, Modelle von Girard-Perregaux, und 1983 tragen 85 Prozent der mit einem Zertifikat ausgezeichneten Quarzuhren ebenfalls den Namen Girard-Perregaux. 1982 erhalten alle zwanzig Exemplare der Tourbillon-Reedition „sous trois ponts d'or" das Zertifikat mit der Zusatzbemerkung „außergewöhnlich gute Resultate". Nach Ende des Zweiten Weltkrieges bemüht sich die Manufaktur um die Erforschung neuer Technologien. Unter ihren Patenten findet sich auch die Gyromatic von 1957, eine Vorrichtung, die es erlaubt, Automatikuhren sehr flach zu konstruieren. In den sechziger Jahren liegt die allgemein übliche Frequenz normaler Werke bei 18 000 Halbschwingungen in der Stunde, ausgeklügeltere kommen auf 21 600. 1965 aber stellt Girard-Perregaux ein Werk mit einer Frequenz von 36 000 Halbschwingungen in der Stunde vor. Dem Observatorium in Neuchâtel werden nunmehr keine Einzelexemplare mehr vorgelegt, sondern in Serie produzierte Uhren. Die Stunde der Quarzuhren rückt immer näher, und Girard-Perregaux gehört zu den ersten, die sich mit Elektronik beschäftigen. 1970 präsentiert das Unternehmen seine erste industriell gefertigte Quarzuhr. Ihre Frequenz liegt bei 32 768 Hz. Das Zifferblatt zeigt einen integrierten Schaltkreis. Drei Jahre später bringt man eine Uhr mit Leuchtdiodenanzeige auf den Markt, aber die Neuerungen beschränken sich nicht nur auf diese ungewöhnliche Art die Zeit abzulesen. Gehäuse und Armband dieser Uhr bestehen aus Makrolon, einem Material, das zuvor noch nie in einer Uhr eingesetzt wurde. 1978 stellt Girard-Perregaux ein ultraflaches Quarzwerk vor, setzt jedoch die Bemühungen um eine Eingliederung der Elektronik in den traditionellen Uhrenbau fort. Es folgen Schmuckuhren, Uhren mit Komplikationen, automatische Uhren mit Anzeige der Gang reserve, Chronographen, zweifacher Zeitzone, Tau-

Girard-Perregaux
Girard-Perregaux
Girard-Perregaux
SWISS MADE
MOSCOW
CAIRO
DUBAI
KARACHI
CALCUTTA
BANGKOK
HONG-KONG
TOKYO
SYDNEY
AZORES
R. JANEIRO
CARACAS
NEW YORK
MEXICO
DENVER
CALIFORNIA
ANCHORAGE
HAWAII
MIDWAY

Die Sea Hawk Automatic aus dem Jahr 1988 ist ein Modell, das Girard-Perregaux speziell für Taucher entwickelt hat. Oben zu sehen ein klassischer Chronograph, die GP 9000. Die Traveller 7000 Automatic, unten im Bild, kam Anfang der achtziger Jahre auf den Markt.

cheruhren und klassische Uhren. Und für jede Olympiade wird in limitierter Auflage ein Chronograph, die Olimpico, herausgegeben.

Anfang der achtziger Jahre präsentiert Girard-Perregaux das Werk Equation mit zahlreichen Funktionen, gesteuert nur durch eine einzige Krone. Es handelt sich hierbei um eine quarzgeregelte Komplikation, die neben Stunde, Minute und Sekunde, auch Mondphase, Solistizien und Äquinokzien sowie einen kompletten Kalender aufweist. Die Feinbearbeitung von Brücken und Mechanismen erfolgt von Hand. Die Batterie erlaubt eine Betriebsdauer von 4 bis 5 Jahren.

Mit dem Design wird der Italiener Francesco Morandini betraut, der zusammen mit Francis Besson für die Leitung des Unternehmens verantwortlich zeichnet und dem die Grundkonzeption für diese Uhr zu verdanken ist. Der Boden aus Saphirglas, der gewölbt und in der Mitte durch eine Gold- oder Stahlbeschichtung geschützt ist, bleibt nicht die einzige erfolgreich genommene Hürde.

1991 präsentiert Girard-Perregaux auf der Messe in Basel zur Feier des 200. Jahrestages neben der Tourbillon „sous trois ponts d'or" noch ein weiteres Modell, die Anno 1991, produziert in nur 1000 Exemplaren. 1992 erlebt auch die rechteckige Gehäuseform eine Renaissance. Als Materialien kommen Stahl, Stahl mit Gelb- oder Roségold sowie beim Modell Richeville, das in der Version für Herren mit Automatic angeboten wird, nur Gold in beiden Tonalitäten zur Verwendung. Die Formgebung ist sehr elegant und die Rechteckform wird modern interpretiert. Ebenfalls in limitierter Auflage wird der Chronograph GP 9000 mit Automatic vorgestellt, dessen Werk in der Farbgebung auf das Gehäuse abgestimmt wird, das wahlweise in Gelb- oder Roségold erhältlich ist. Heute stellt Girard-Perregaux auch Werke für andere Unternehmen her und verfügt über ein komplettes Lieferprogramm. Im Werksmuseum, das zum Jubiläum eingeweiht wurde, finden sich Hunderte von kostbaren Uhren. 200 Jahre Uhrengeschichte passieren dort Revue, und ein Ende dieser Entwicklung ist nicht abzusehen.

Girard-Perregaux
automatic
500m/1650ft
SWISS MADE
10
20
30
40
50

SCAFUSIA
IL DESTRIERO
INTERNATIONAL
WATCH Co.
1868-1993
SWISS MADE
CALIBER 1868
TOURBILLON
IWC
SCHAFFHAUSEN

IWC

Brücke zwischen den Kontinenten

Florentine A. Jones, Unternehmer, vom Pech verfolgt. Kostengünstigere Produktion in Europa. Forschung und Patente. Grande Complication und Destriero Scafusia, Superstars der neunziger Jahre.

Während viele Dampfschiffe mit Emigranten den Alten Kontinent auf der Suche nach einem besseren Leben verlassen, geht ein amerikanischer Uhrmacher den umgekehrten Weg. Florentine Ariosto Jones absolviert seine Lehrjahre in einigen der wichtigsten Unternehmen der Branche, wie z.B. der E. Howard Watch & Clock in Roxbury. Danach beschließt er, die positiven Erfahrungen anderer Abenteurer vor Augen, in Europa Uhren zu produzieren, um die niedrigen Fertigungskosten und die besseren Fachkenntnisse der dortigen Uhrmacher auszunutzen. Er setzt sich zum Ziel, die fertigen Uhren mit Gewinn nach Amerika zu reimportieren.

Sein Traum wird jedoch von Zollbestimmungen zunichte gemacht, die ihm, trotz seiner amerikanischen Staatsangehörigkeit, für jede Uhr eine Zollabgabe von 25 Prozent abverlangen.

Als Jones in die Schweiz aufbricht, um in Schaffhausen ein Unternehmen zu gründen, ist er noch keine dreißig Jahre alt. Dort initiiert er eine Unterschriftenaktion zur Gründung eines Aktienfonds zugunsten der „International Watch Co. of F.A. Jones". Die Anfänge sind mühsam, trotzdem er hochwertige Taschenuhren mit Lépine-Kaliber und Damenuhren produziert. Auch ein mit A. Schwob & Frère aus La Chaux-de-Fonds abgeschlossener Vertrag über die jährliche Lieferung von 9000 Uhren unter einem Fremdnamen erleichtert die Lage nicht. Das Gründungsjahr des Unternehmens ist nicht genau festzustellen — angenommen wird das Jahr 1868 oder 1869 —, aber sicher ist, daß F.A. Jones im Jahr 1869 in Schaffhausen seßhaft wird und dort von Heinrich Moser ein Gebäude anmietet, dessen Stromversorgung sich den Höhenunterschied des Rheins zunutze macht. Zwei Jahre später schließt er sich mit einigen Schweizer Unternehmern zusammen, tritt aber wenig später wieder aus der Gesellschaft aus.

1874 schließlich schlägt er dem Stadtrat vor, auf einem in Rheinnähe erworbenen Grundstück ein Fabrikgebäude zu errichten. Jones besitzt zwar nur ein Drittel des Unternehmens, was ihn aber, als die Nachfrage auf dem amerikanischen Markt abrupt zurückgeht, nicht vor dem wirtschaftlichen Ruin bewahrt. Das Auftragsvolumen von 366 000 Uhren des Jahres 1872 sinkt drei Jahre später auf 134 000 Exemplare. Die Gläubiger fordern ihr Kapital ein, worauf im Vorstand des

Unten im Bild die Grande Complication mit 17 Funktionen aus dem Jahr 1991. Links ist die Destriero Scafusia zu sehen, ausgestattet mit 21 Funktionen und präsentiert zum 125. Firmenjubiläum.

Die Ingenieur ist eins der repräsentativsten Modelle der Schaffhausener Manufaktur. Diese antimagnetische Uhr aus den fünfziger Jahren gibt es in verschiedenen Versionen. Die allererste Variante weist ein extraleichtes Gehäuse auf. Das Modell rechts im Bild stammt aus dem Jahr 1991, präsentiert auf der Baseler Messe. Es handelt sich um einen Chronographen mit Weckeinrichtung, das Werk ist elektronisch-mechanisch. Unten die Ingenieur als Automatic, vorgestellt auf der Orogemma di Vicenza 1989. Sie ist gegen magnetische Störungen bis zu 500 000 A/m abgeschirmt, hält aber durchaus auch höheren Störungen stand.

Unternehmens ein heftiger Streit entflammt. 1875 meldet IWC schließlich Konkurs an. Für nur 143 000 Schweizer Franken übernimmt die Schaffhausener Bank die vorhandene Konkursmasse. Aus Berichten geht hervor, daß der Zusammenbruch der Firma zum einen auf zu hohe Löhne und zum anderen auf extreme Mißwirtschaft zurückzuführen ist.

Im Jahr 1877 wird ein weiterer Amerikaner, Frederik Frank Seeland, zum Generaldirektor von IWC ernannt, während Johann Rauschenbach, dessen Familie bis in dieses Jahrhundert mit dem Werdegang des Unternehmens eng verknüpft ist, die Geschäftsführung übernimmt. Das Stammkapital erhöht man auf 750 000 Franken und Seeland beschließt die Produktion eines neuen Kalibers, das in der Herstellung wesentlich günstiger ausfällt als das von Jones. Das neuentstandene Unternehmen, das etwa 100 Beschäftigte zählt, schließt die erste Bilanz mit leichtem Gewinn ab, aber schon 1879 bahnt sich eine weitere Katastrophe an. Seeland fälscht die Bilanzen, worauf man sein Vermögen beschlagnahmt und ihn wegen Veruntreuung zu einer dreiwöchigen Haft verurteilt. Johannes Rauschenbach-Vogel, einer der größten Gläubiger, entschließt sich, das Unternehmen zu retten und es für einen Betrag von 592 000 Franken zu kaufen.

Rauschenbach, der in jungen Jahren als Kaufmann in Paris tätig ist, entwickelt sich im Laufe der Zeit zu einem wohlhabenden Unternehmer. Ein Jahr nach Übernahme von IWC stirbt er jedoch, und die Firmenleitung wird seinem Sohn Johannes Rauschenbach-Schenk übertragen. Im Jahr 1883 tritt Urs Haenggi, ein Mann von außergewöhnlicher Persönlichkeit, an seine Seite und ist für den Betrieb bis zum 30. September des Jahres 1935 tätig. Alle Mitarbeiter, die sich der Veruntreuung schuldig gemacht haben, werden durch neue Kräfte ersetzt. In Italien, Frankfurt, Wien, London und selbst in der Schweiz gelingt es Haenggi auf seinen Reisen, die erforderlichen Kredite und Waren zu beschaffen sowie neue Aufträge einzuholen. Die technische Leitung wird unterdessen Johann Vogel anvertraut, der diese Tätigkeit bis

Diese Uhr ist die wahrscheinlich erste Golduhr, die im IWC-Werk produziert wurde. Das Zifferblatt ist weiß und die Krone sehr ausgeprägt. Der Drücker bei der 4 dient der Zeigereinstellung bei gleichzeitiger Betätigung der Aufzugskrone. Bei der 6-Uhr-Indikation ist die sogenannte kleine Sekunde zu erkennen. Dieses Modell wurde zu Beginn des Jahrhunderts angefertigt.

Die Springende Stunde oben im Bild ist im Besitz eines italienischen Sammlers. Von einem Japaner um die Jahrhundertwende erworben, blieb sie über siebzig Jahre in einem Versteck verborgen. Das untere Bild zeigt die erste Armbanduhr von IWC. Oben rechts ein Modell im Stil der dreißiger Jahre.

1919 ausübt. In dieser Zeit erweitert sich die Palette der IWC-Kaliber von 52 auf 78 Stück, während die Produktion stetig ansteigt.

Weltweiter Erfolg

Auf dem deutschen Markt steigt der Umsatz von 553 000 auf 805 000 Franken, in Österreich verdoppelt, in Rußland versechsfacht er sich, und 1895 übersteigt der Gesamtumsatz die 1,5-Millionen-Grenze. Diszipliniert arbeitet man von 6 Uhr in der Früh bis abends um sieben, unterbrochen nur von einer Mittagspause. Die Wochenarbeitszeit beträgt 58,5 Stunden und die finanziellen Mittel werden sinnvoll investiert. Die Tochter von Rauschenbach-Schenk, Bertha Margaretha, und ihr Ehemann Ernst Homberger übernehmen von 1929 an bis ins Jahr 1955 die Firma, die nun statt International Watch Co. die Firmenbezeichnung „Uhrenfabrik von Ernst Homberger Rauschenbach" trägt.

Die jüngere Tochter Emma Marie und ihr Ehemann, der berühmte Psychiater Carl Gustav Jung, sind als Aktionäre mit 25 Prozent an der Gesellschaft beteiligt. Im Jahr 1908 erzielen sie einen Gewinn von über 15 000 Franken, eine Summe, die dem zu diesem Zeitpunkt noch unbekannten Universitätsdozenten sehr willkommen ist.

1955 entfällt der Name Rauschenbach und 1978 auch der Name Homberger aus der Firmenbezeichnung, die von nun an wieder IWC, International Watch Co., heißt und zudem von der deutschen Unternehmensgruppe VDO übernommen wird, der ebenfalls Jaeger-LeCoultre angehört.

Mittlerweile zählen zur Belegschaft von IWC äußerst fähige Maîtres Horlogers, wie z.B. Roger Puthod. In seiner Schaffenszeit von 1927 bis 1944 realisiert er Kaliber für Armbanduhren mit zentralem Sekundenzeiger. Albert Pellaton, Neffe von Albert Pellaton Favre und James C. Pellaton, die in Le Locle Tourbillon-Werke fertigen, stößt, nachdem er zwanzig Jahre lang die Leitung von Vacheron & Constantin innehatte und ebenfalls bei Omega tätig war, im Jahr 1944 zu IWC. Zu seinen herausragenden Arbeiten zählt vor allem das automatische Kaliber.

Weltwirtschaftskrise und zweiter Weltkrieg setzen dem Unternehmen stark zu. Beträgt 1929 der Export nach Amerika noch 25 422 Uhren, so sind es im Jahr 1933 nur noch 3912 Exemplare.

1944 wird von einem amerikanischen Piloten in der Nähe des Firmen-

Eine wundervolle Carré in Gold, die zeigt, daß IWC sich schon immer an den Bedürfnissen des Marktes orientierte. Die Schaffhausener Manufaktur bietet unter anderem auch Schmuckuhren für Damen an. Den Anfang machten Savonette-Modelle, die mit Miniaturen, Emailarbeiten oder Edelsteinen verziert waren. Ebenfalls reich dekoriert präsentierten sich die Herrenmodelle; darunter auch Taschenuhren mit Komplikationen und fein ziselierten Gehäusen.

Dieser Doppelchronograph, vorgestellt in Basel 1992, ist eine Automatic mit Schleppzeiger. Der Drücker bei der 10 trennt die Sekundenzeiger. Ein Druck stoppt einen Zeiger, ein zweiter Druck setzt ihn deckungsgleich zum anderen. Rechts oben ist eine Ingenieur Automatic mit Kompensationsunruh, unten ein Vorläufer aus den dreißiger Jahren zu sehen.

gebäudes aus einem Irrtum heraus eine Bombe abgeworfen, was beinahe zur kompletten Zerstörung der Firma führt.

In den fünfziger Jahren gehört IWC zu den Gründern und Aktionären des „Centre Electronique d'Horlogerie Suisse" und ist an der Entwicklung des Quarz-Kalibers Beta 21 beteiligt, das 1969 vorgestellt wird. Man bleibt aber weiterhin der Tradition der mechanischen Uhren treu und erweitert seine Palette um Schmuckuhren für Damen.

Das erste von Jones entwickelte Kaliber ist eine Savonette mit Schlüsselaufzug. Die Jones-Kaliber weisen als Hauptmerkmal einen sehr langen Gangregler auf, der die Schwingungen perfekt reguliert.

Von Anfang an werden die Werke registriert und fortlaufend numeriert. Zwischen 1876 und 1879 findet sich bereits ein Eintrag über ein 19liniges Kaliber mit Kronenaufzug.

1878 fertigt IWC sechs Savonette- und drei Lépine-Kaliber; 1884 führt man eine neue Numerierung ein, beginnend mit der Nummer 1, die jedoch bei den Kalibern nicht fortlaufend ausgeführt ist. So gibt es z.B. zwei Kaliber 60, einmal für eine Taschen- und einmal für eine Armbanduhr. Die Komplikationen werden allerdings ihrem Basis-Werk entsprechend numeriert.

Antimagnetische Uhren

Johannes Vogel entwickelt zwei antimagnetische Kaliber und die dabei gewonnenen Erkenntnisse sind der Beginn einer Recherche, deren Ergebnis Uhren für die Luftfahrt und die Kollektion „Ingenieur" sind. Mitte der fünfziger Jahre erscheint die automatische Version der Ingenieur, eine antimagnetische Uhr mit Datum, Kompensationsunruh und einem speziellen Doublégehäuse. Es folgen Modelle, die gegen magnetische Störungen bis zu 40 000 A/m abgeschirmt sind, und 1989 präsentiert man dann auf der Orogemma di Vicenza sogar ein Modell, das dank einer Speziallegierung eine Abschirmung von 500 000 A/m aufweist. Zur Produktionsreihe der Ingenieur gehören auch ein Ewiger Kalender und eine Mondphase sowie das Tauchermodell SL; 1991 wird in Basel die Chrono Alarm vorgestellt.

In den siebziger Jahren schließt das Schaffhausener Haus einen Vertrag mit Ferdinand A. Porsche, und aus dieser Zusammenarbeit, die sich nicht nur auf das Design beschränkt, entstehen Modelle wie die automatische Ocean 2000 in Titan, deren Glas von 3,5 mm Stärke und das wasserdichte Gehäuse für Tauchtiefen bis zu 2000 m ausgelegt ist, sowie die berühmte Kompaßuhr.

Eine Golduhr aus der Anfangsphase von IWC. Seit 1882 werden alle Charakteristika der Kaliber sowie jede Besonderheit, die zur Identifikation der Uhr dienen kann, registriert. So ist es in der Regel möglich, die Entstehung der Modelle zurückzuverfolgen. Ein Beispiel ist die Taschenuhr von C.G. Jung aus dem Jahre 1901; sie trägt die Nummer 132006. Bei der Überholung im Jahr 1971 wies sie pro Tag eine minimale Gangabweichung von plus 2 Sekunden auf.

Das Bild rechts zeigt das Zifferblatt des Chronographen Da Vinci aus einer ungewöhnlichen Perspektive. Die Mechanik der Mondphase ist eins der vielen Patente der Schaffhausener Manufaktur und garantiert eine außerordentliche Präzision.
Unten im Bild eine Teilaufnahme des Werkes der Grande Complication: die Minutenrepetition mit Läutwerk in b-Moll und es-Moll. Die Melodie stammt von Richard Wagner.

Unter den Taschenuhren, die vor allem zu Jubiläumsanlässen angefertigt werden, ist vor allem diejenige Winston Churchills zu erwähnen. Außergewöhnlich ist auch die Geschichte eines weiteren Modells, einer Springenden Stunde, die von einem Japaner im 19. Jahrhundert erworben, aber nach dem finanziellen Ruin der Familie zusammen mit einem erklärenden Brief versteckt wird. Siebzig Jahre später findet man die Uhr, und sie zeigt, nachdem sie aufgezogen wird, in 24 Stunden eine Gangabweichung von nur 7 Sekunden.

1985 erscheint die von IWC entwickelte und patentierte Da Vinci mit ewigem Kalender und Mondphasenanzeige, die als Grundlage für die 1990 in Basel vorgestellte Grande Complication mit 17 Funktionen dient. Es handelt sich dabei um einen automatischen Chronographen mit ewigem Kalender, Mondphase (1 Tag Abweichung auf 122 Jahre) und Minutenrepetition. Das Läutwerk für die Stunde ist auf b-Moll, für die Minute auf es-Moll gestimmt, während die Melodie von Richard Wagner stammt. Sie besitzt insgesamt 19 Zeiger und 659 Einzelteile. Das Platingehäuse hat ein Gewicht von 124 Gramm bei einer Gesamthöhe von 11 mm.

Ein Jahr später erscheint zum 125. Geburtstag des Hauses, der sich 1993 jährt, die Destriero Scafusia mit 21 Funktionen.

Es ist ein Schleppzeiger-Chronograph, zugleich Minutenrepetition mit Doppelton für Stunde, Viertelstunde und Minute, Ewiger Kalender mit Jahr-, Zehnjahr- und Jahrhundertanzeige sowie Mondphase. Das Tourbillon-Volant sitzt in einem Titankäfig. Auf dem Werk, dekoriert von Ziseliermeister Wolfgang Sigwart, sind ein Widder als Symbol der Stadt sowie der Modellname und das Jubiläumsdatum eingraviert.

Die Produktion ist auf 125 Stück, ein Exemplar für jedes Jahr des Firmenbestehens, limitiert.

Die Da Vinci aus dem Jahr 1985 wurde über einen längeren Zeitraum nur in Gold oder Keramik angeboten. Seit 1992 ist sie auch in einem Stahlgehäuse erhältlich. Sie ist ein automatischer Chronograph mit ewigem Kalender und ewiger Mondphase. Auf dem Zifferblatt ist die vollständige Jahreszahl zu sehen. Die Ziffer für die Jahrhundertangabe wird alle 100 Jahre durch eine Vorrichtung um 1,2 mm weiterbewegt.

JEU
AVR
REVERSO

Jaeger-LeCoultre

Eine stolze Manufaktur

Die Erfindungen des Charles-Antoine LeCoultre. Uhrwerke höchster Qualität — von allen namhaften Uhrenfabrikanten verwendet. Jaeger und LeCoultre — das Zusammentreffen zweier Genies. Die Reverso mit Komplikationen.

Seit über 60 Jahren ist für Uhrenliebhaber der Name Jaeger-LeCoultre untrennbar mit dem Modell Reverso verbunden. Diese wundervolle Uhr, von dem Ingenieur René-Alfred Chauvot entwickelt, wurde 1930 in die Produktion aufgenommen. 60 Jahre später widmet ihr die Manufaktur eine große Retrospektive, die in mehreren europäischen Städten stattfindet. Obwohl die Reverso ein außergewöhnlich interessantes Modell ist, wäre es eine zu große Einschränkung, sich nur mit diesem Exemplar zu beschäftigen oder die Geschichte der Manufaktur nur aus dieser Perspektive zu erzählen. Die LeCoultre-Manufaktur ist bereits über 100 Jahre alt, und es sind ihr viele interessante Patente zu verdanken, und das noch lange bevor die Zusammenarbeit mit Edmond Jaeger aus Paris begann, einer Manufaktur mit der sie später eine Fusion einging.

Der Stammvater der Uhrmacherdynastie LeCoultre ist Charles-Antoine, der 1833 mit dreißig Jahren das Familienunternehmen, das schon immer im Bereich der Mechanik tätig gewesen ist, verläßt und mit dem Bruder Ulysse eine Firma gründet, die Zahnräder produzieren soll. Er ist von lebhafter Intelligenz, und durch seine geniale Erfindungskraft gelingt es ihm, sowohl Industriemaschinen als auch Präzisionsinstrumente zu entwickeln, wie z.B. 1844 das Milliometer, 1847 den Basculaaufzug und zwanzig Jahre später sogar ein Kaliber, das LeCoultre selbst „remontoir a vue" nennt. Der Betrieb wächst schnell, und es entstehen finanzielle Probleme, die LeCoultre jedoch zu mildern weiß.

1859 erfordert die Leitung der Firma, die inzwischen über hundert Mitarbeiter zählt, für Antoine LeCoultre einen zu großen Aufwand, so daß er beginnt, einen geeigneten Partner zu suchen. In Antoine Borgeaud findet er den richtigen Mann. Das Produk-

Oben im Bild die Reverso mit Komplikationen: Tourbillon mit Gangreserve und Minutenrepetition. Beides sind Zusatzeinrichtungen, die hochkomplizierte Arbeit erfordern. Auf der linken Seite ein seltenes Modell aus dem Jahr 1937, „Quantième Perpétuel Retrogradant", auf Basis des Kalibers 410. Das Werk trägt die Nummer 108457, das Gehäuse ist aus Roségold gefertigt.

Der Werbeslogan, mit dem die Reverso lanciert wurde, lautet: „Die Reverso ist ein Schmuckstück, das umgedreht, zu einer Uhr wird und umgekehrt …". Das patentierte Gehäuse läßt sich schnell und leise um 180 Grad drehen. Die Reverso wurde 1931 produziert und verschwand dann von der Bildfläche. Erst nach dem Krieg entdeckte Giorgio Corvo, der italienische Vertreter dieser Marke, einige alte Gehäuse, die er mit Kalibern ausstatten ließ und somit für einen erneuten Erfolg dieses Modells sorgte. Ein Erfolg, der durch die vielen verschiedenen Modelle, die bis zu den Komplikationen von 1992 reichen, bestätigt wird.

tionsvolumen der LeCoultre-Borgeaud steigt enorm an, und die Zahl der Angestellten verdoppelt sich. Die drei Söhne von Antoine, Elie, Paul und Benjamin, werden ebenfalls mit Führungsaufgaben betraut. 1870 werden in Le Sentier täglich etwa 40 Uhren gefertigt, die alle von Hand feinbearbeitet werden. Knapp fünf Jahre später kommt die Manufaktur jedoch in eine schwere Krise: Auguste Borgeaud verläßt die Manufaktur und fordert eine Abfindung von 250 000 FF, eine Summe die LeCoultre durch den Einsatz neuer Technologien und die Produktion von immer komplizierteren Kalibern binnen sieben Jahren abbezahlt. Der Betrieb erholt sich, und 1890 liegt der Umsatz bereits bei 573 000 FF. Die Zahl der Angestellten steigt von 406 auf 482. Die Hälfte der Mitarbeiter arbeitet außerhalb der Manufaktur, wobei 102 von ihnen ihre Tätigkeit zu Hause ausüben; zur Arbeiterschaft zählen ebenfalls 72 Frauen. Technisches Potential ist zwar reichlich vorhanden — mittlerweile verfügt das Sortiment über 125 Kaliber —, aber die Betriebsstrukturen sind überaus kostenintensiv und verschwenderisch angelegt.

Im Jahr 1898 beschließen die Gebrüder LeCoultre, eine Aktiengesellschaft zu gründen, die Anfang des Jahrhunderts, nachdem die ersten Krisenjahre überwunden sind, einen Umsatz von über einer Million Schweizer Franken verbucht.

Zusammenarbeit mit Jaeger

Im Jahr 1897 tritt Elias Sohn Jacques David, nachdem er eine Uhrmacherschule besucht hat, in den väterlichen Betrieb ein und stellt alsbald seinen unternehmerischen Geist und seine Fähigkeiten unter Beweis. Um die Jahrhundertwende nimmt man geschäftliche Beziehungen zu Patek Philippe auf mit dem Ziel, diese Manufaktur mit Uhrwerken zu beliefern. Patek Philippe ist bereits seit langem Kunde und bezieht viele Einzelteile aus Le Sentier. 1903 lernt Jacques-David Edmond Jaeger in Paris kennen und aus dieser Begegnung entsteht eine enge Zusammenarbeit. Jaeger wählt für die Cartier-Uhren sehr

Die Reverso bietet dem Uhrmacher die Möglichkeit, seine Goldschmiedekunst unter Beweis zu stellen. Dieses Modell ist ein gutes Beispiel dafür. Die Verzierungen wurden von dem italienischen Meister Ferdinando Zanoni ausgeführt. Auf der Rückseite des Gehäuses sind zwei Figuren aus der Mythologie zu sehen, wobei eine wahrscheinlich der Gott Pan sein dürfte. Der Stil ist neoklassizistisch. Auf der Krone befindet sich das Logo der Manufaktur; auf dem Zifferblatt ist die kleine Sekunde bei der 6.

Rechts im Bild und in Großaufnahme das Modell Duoplan, mit einem Werk in zwei Ebenen. Im unteren Werk ist die Unruh etwas größer ausgeführt als bei traditionellen Modellen. Man erreicht dadurch eine höhere Ganggenauigkeit. Das erste Modell wurde im Jahre 1926 patentiert als sich LeCoultre und Jaeger bereits zusammengeschlossen hatten. Unten im Bild das schöne Modell eines kompletten Kalenders mit Mondphase aus den vierziger Jahren.

viele Werke der LeCoultre-Manufaktur aus. 1925 kommt es dann nach Ende des ersten Weltkrieges zu einer Fusion der zwei Markennamen. Nach dem zweiten Weltkrieg tritt die Gesellschaft dann der deutschen Unternehmergruppe VDO bei.

Jetzt ist der Zeitpunkt günstig, sich näher mit den Höhepunkten der LeCoultre-Produktion zu beschäftigen. Noch heute ist man bei LeCoultre stolz darauf, sich „manufacture“ zu nennen, und viele renommierte Kunden mit Kalibern beliefern zu können, die in ihre besten Uhren eingesetzt werden – ganz im Sinne einer alten Tradition. Zwischen 1900 und 1910 produziert LeCoultre 40 000 Werke, und man schätzt, daß zwischen 1860 und 1925 nicht weniger als 60 000 Komplikationen die Manufaktur verlassen haben.

Flache Werke zu bauen ist für alle Maîtres Horlogers schon immer eine Herausforderung gewesen, und die Meister von LeCoultre bilden da keine Ausnahme. Gegen Ende des 19. Jahrhunderts präsentieren sie eine sensationelle Entwicklung: ein Werk von nur 1,38 mm Höhe. Das Werk eines Chronographen, der in den darauffolgenden Jahren erscheint, mißt nur 2,8 mm und das einer Minutenrepetition nur 3,2 mm. Von 1926 ist dagegen das patentierte Modell Duoplan, das eine Verkleinerung der Maße dadurch ermöglicht, daß das Werk auf zwei Ebenen aufgeteilt wird. Auf dem Zifferblatt dieses Modells erscheint bereits der Doppelname „Jaeger-LeCoultre“.

Ende der Zwanziger beschäftigt sich der Ingenieur Jean-Léon Reutter aus Neuchâtel mit dem Prinzip des Atmos-Pendels, das später für Jaeger-LeCoultre patentiert wird. Eine Flüssigkeit, deren Zusammensetzung geheimgehalten wird, reagiert auf die Raumtemperatur, wobei durch ihre Ausdehnung eine Feder aufgezogen

JAEGER-LECOULTRE

Aus Le Sentier stammt auch dieses außergewöhnliche Modell, Vorhängeschloß genannt. In den zwanziger Jahren wurde es mit einem Duoplan-Werk ausgestattet; die Krone befindet sich am Boden. In den Fünfzigern ist die Krone bei der 6 und in den Siebzigern bei der 3. LeCoultre schenkte ebenfalls den Armbanduhren mit Weckfunktion besondere Aufmerksamkeit. Unten im Bild ein Chronograph mit Alarmfunktion, der 1991 in Basel ausgestellt wurde.

wird: die Funktion des Pendels wird somit mehrere Jahrhunderte garantiert. Das Atmos-Pendel wird von der Schweizer Regierung an Staatsmänner und Prominente verschenkt, deren Namen in einem goldenen Buch eingetragen werden.

In den vierziger Jahren werden die LeCoultre-Kaliber 481 und 497 mit Gangreserveanzeige ausgestattet. Später entsteht die Futurematic, eine automatische Uhr, deren Krone nur der Zeiteinstellung dient. Zur gleichen Zeit erscheint die Memovox mit Hand- oder Automatikaufzug. Die Einstellung der Weckerfunktion erfolgt durch eine im Zifferblatt montierte Scheibe, während das Klingeln durch den perforierten Boden zu hören ist. Unter der Marke LeCoultre präsentiert man auch die Memodate mit der Datumsangabe bei der 3. Zu den Uhren mit Weck- bzw. Alarmeinrichtung gehört natürlich auch die Grand Reveil, eine automatische Uhr mit ewigem Kalender, die den Weckton auf Grund der besonderen Metallegierung der Glocke kristallklar ertönen läßt. 1991 folgt ein Alarm-Chronograph mit einem Durchmesser von 27 mm und einer Gesamthöhe von 4,28 mm; das Werk besteht aus 273 Einzelteilen und ist ein Kaliber 633.

1989 zeigt die Manufaktur das Ergebnis einer Kombination elektronischer und mechanischer Erkenntnisse: einen Komplett-Chronographen mit Mondphasen. Das Erstaunliche an diesem Modell ist seine Größe, die die herkömmlichen Abmessungen eines mechanischen sowie eines Quarz-Chronographen bei weitem unterschreitet. Die Miniaturtechnik gehört in Le Sentier zur Tradition, wie ein Modell aus dem Jahre 1929 beweist, das trotz seiner 12 Steine und seines Zifferblatts insgesamt nur knapp ein Gramm wiegt. Dieses 2linige Modell besteht aus 74 Einzelteilen und hat die Abmessungen 14×4,8×3,4 mm. Aus der Forschungs- und Entwicklungsabteilung stammt ein weiteres ultrakleines Werk mit kleiner Sekunde und Aufzugskrone im unteren Teil der Uhr. Im Jahr 1991 folgt eine Skelettuhr mit mechanischem 2linigem Werk, das ein Gewicht von nur 0,40 Gramm aufweist. 1990 stellte die Manufaktur bereits das Modell Geographique vor, eine automatische Uhr

Schon zu Beginn des Jahrhunderts versucht die Uhrenindustrie eine Armbanduhr mit Weckfunktion zu realisieren; eine Herausforderung für viele Manufakturen, da der Weckton oft zu leise ausfällt. Jaeger-LeCoultre stellt in den fünfziger Jahren die Memovox vor, die in einer automatischen oder mechanischen Version erhältlich ist, bei der der Weckton sehr deutlich durch den perforierten Boden dringt. Die Einstellung der Weckfunktion erfolgt durch eine Drehscheibe im Inneren des Zifferblattes.

mit Datums- und Gangreserveanzeige. Auf einer Scheibe sind die Namen von 24 Städten mit den verschiedenen Zeitzonen eingraviert. Wird die Scheibe auf die gewünschte Stadt gestellt bewegen sich die Zeiger auf die entsprechende Zeitzone. Dieses Modell ist auch mit einer 24-Stunden-Indikation auf einem zusätzlichen kleinen Zifferblatt erhältlich. Eine Krone dient der Positionierung der Zentralzeiger und der eventuellen Einstellung der zweiten Zeitzone, und eine weitere sorgt für die Einstellung der Städte.

Reverso Anni '90

Die Reverso feiert 1991 ihren 60. Geburtstag. Zum Jubiläum erscheint eine numerierte Edition von 500 Exemplaren. Die 37 Einzelteile des Gehäuses sind in dezentem Roségold gehalten und das leicht gewölbte Saphirglas des Bodens gibt den Blick frei auf die 193 Einzelteile des mechanischen Herzstückes, ebenfalls aus Roségold. Auf dem Zifferblatt befinden sich die Datumsanzeige mit Zeiger und die Anzeige der Gangreserve.

Mit der „limitierten" Reverso sollte das Pulver aber nicht verschossen sein. 1992 werden in Basel die Prototypen von zwei Reverso mit Komplikationen gezeigt: das Kaliber 943 ist eine Minutenrepetition und besteht aus 280 Einzelteilen, das Kaliber 828 dagegen ist ein Tourbillon mit Gangreserve und besteht aus 200 Einzelteilen.

Mit Sicherheit hat niemand mit der enormen Resonanz und dem weltweiten Erfolg dieses Modells gerechnet, das ursprünglich dafür konzipiert wurde, Sporttreibenden die Möglichkeit zum Schutz von Glas und Zifferblatt zu geben. Mittlerweile gilt sie als Herrenschmuck und ist auf Wunsch mit fein ziseliertem und mit Emailarbeiten dekoriertem Gehäuse erhältlich. So unerwartet ihr Erfolg in der ganzen Welt auch ist, ein Stammplatz in der Geschichte der Uhrmacherkunst ist ihr jedenfalls sicher.

Das Modell Master Control von 1992 ist eine Automatikuhr mit Kaliber 889/1 von hoher Frequenz (28 800 Halbschwingungen je Stunde). Bevor diese Uhr das OK von Maître Horloger Michel Rochat erhält, wird sie über 1000 Stunden unter extremen Temperatur-und Schwingungsbedingungen getestet. Unten im Bild der Chronograph, der 1988 mit dem neuen mechanisch-elektronischen Werk ausgestattet wird, das sich durch erheblich reduzierte Abmessungen auszeichnet.

Das Modell Geographique wurde 1990 in Basel vorgestellt. Eine revolutionäre Weltzeituhr, die gleichzeitig die Uhrzeit in zwei Städten anzeigt. Die Manufaktur aus Le Sentier hat jedoch nicht nur Taschen- und Armbanduhren produziert. In den zwanziger Jahren werden ebenfalls Automobiltachometer mit Uhren ausgestattet. 1938 kommt die Chronoflight, die als Zeitmesser für Automobile und Flugzeuge gedacht ist. Selbst ein miniaturisierter Fotoapparat wird realisiert.

Longines

Longines

Wiedergeburt einer Marke

Wiederbeginn nach Besitzerwechsel. Neffe übernimmt Lebenswerk des Onkels. Chronometerpräzision begleitet die Forschung. Fliegeruhren und astronomische Uhren.

Die Geschichte der „Compagnie des Montres Longines Francillon S.A.", die 1992 ihr 125jähriges Bestehen feiern konnte, beginnt in Wirklichkeit im Jahr 1832 als der dreiundzwanzigjährige Auguste Agassiz zum Geschäftspartner von Henri Raiguel, einem Uhrmacher aus St. Imier, avanciert und kurz darauf mit Florian Morel die Raiguel Jeune & Cie gründet, mit dem Ziel, Uhren zu produzieren und zu verkaufen. Als Morel sich 1838 aus der Gesellschaft zurückzieht, benennt man sie um in Agassiz & Cie. Die Uhren finden allgemein Anerkennung und werden auf den wichtigen Ausstellungen in Leipzig und Frankfurt vorgestellt. 1846 eröffnet man eine Vertretung in New York. Im darauffolgenden Jahr erkrankt Agassiz – mittlerweile alleiniger Inhaber der Manufaktur – und überläßt die Geschäftsführung Frédéric Bétrix und Lucien Morel, bis er im Jahr 1854 seinen Neffen Ernest Francillon, den Sohn seiner Schwester Olympe, in die Firma beruft. Der zwanzigjährige Francillon hatte in Stuttgart Wirtschaftslehre studiert und anschließend für ein Jahr die Uhrmacherschule besucht. Ein großer Brand zerstört den Firmensitz, der in einer von Agassiz bewohnten Villa wieder errichtet wird. Die wirtschaftliche Situation erweist sich als schwierig, so daß 1861 der Inhaber sich mit dem Gedanken trägt, das Unternehmen aufzulösen. Mit Wirkung vom 1. Juli 1862 heißt die Firma nun „Ancienne Maison Auguste Agassiz-Ernest Francillon successeur". Zu diesem Zeitpunkt produziert die Manufaktur etwa 20 000 Uhren jährlich, von denen die meisten Taschenuhren mit Lépine-Zylinderwerk sind. Im Jahr 1866 erwirbt Francillon mehrere Grundstücke in der Nähe von Les Longines, wo er eine Fabrik errichtet, die bereits im darauffolgenden Herbst die Produktion von Einzelteilen aufnimmt. Die ersten Uhren mit dem Markennamen Longines erreichen den amerikanischen Markt im September des Jahres 1868. Sie sind solide gebaut und annehmbar im Preis, aber die Hemmung ist nicht von überragender Qualität. Es werden umgehend neue Prototypen angefertigt, die in ihrer Funktion modifiziert und verbessert

Die Grande Complication „Jouet de Seigneur" mit Gehäusedeckel in Gold und Onyx ist eine Minutenrepetition. Sie wurde 1881 nach China verkauft und erst 1980 wiederentdeckt. Die linke Seite zeigt eine der ersten Armbanduhren mit Emailzifferblatt und Schutzdeckel aus dem Jahr 1910. Sie besitzt ein sogenanntes „Zwiebel"-Gehäuse.

1927 wendet sich Charles A. Lindbergh an die Longines Wittnauer Watch Co. in New York mit der Bitte, eine von ihm entworfene Uhr zu bauen. Sie soll ihm die Flugberechnungen erleichtern. Es entsteht die legendäre „Stundenwinkel-Armbanduhr Modell Lindbergh", die 1987 zum 60. Jubiläum der Ozeanüberquerung neu aufgelegt wird. Unten im Bild eine Lady Lindbergh aus dem Jahr 1935.

werden. Die Zeiten sind schlecht, und manchmal zweifelt Francillon an dem Erfolg seiner Bemühungen. Er findet jedoch Unterstützung in seiner Familie, die seinen Onkel Auguste Agassiz davon überzeugt, auf die Auszahlung seiner Anteile bis zur wirtschaftlichen Gesundung der Firma zu warten. Bis zu seinem Tode schenkt er seinem Neffen vollstes Vertrauen, der 1873 auf der Weltausstellung in Wien den lang ersehnten Erfolg erntet, als die Uhren der Longines-Manufaktur mit einem Preis ausgezeichnet werden. Andere Hersteller versuchen diese Uhren zu kopieren, worauf Francillon seine Kunden mit dem Hinweis, daß „alle Uhren und Werke, die von Longines hergestellt werden, mit einem Firmensignet aus Sanduhr und Flügeln sowie dem Markennamen versehen sind", vor Fälschungen zu schützen versucht.

Eine Reihe von unglücklichen Umständen führt zur Überlegung, den Firmensitz zu wechseln und viellecht sogar das ganze Unternehmen zu verkaufen, da die Banken keine Risiken eingehen wollen. Doch Francillon gibt nicht auf, und 1879 schließlich scheint sich das Blatt zu wenden. Die Manufaktur, die in diesem Jahr mit der Herstellung von Chronographen beginnt, erringt auf der Ausstellung in Paris eine Goldmedaille.

Erfolg mit Chronometern

1888 beginnt Longines mit der Produktion von Präzisionsuhren, ein Bereich, der ihr große Anerkennung einbringen wird. Im Jahre 1899 unternimmt der Herzog von Abruzzien eine

Das Bild zeigt einen wunderbaren Chronographen mit in die Aufzugskrone integriertem Drücker. Das Gehäuse ist in 18k Gold, das Zifferblatt besteht aus Email. Dieses Modell stammt aus den zwanziger Jahren. Der erste Chronograph der Manufaktur wurde 1879 als Taschen-Chronograph realisiert. Das Werk ist ein mit Chronographen-Funktionen modifiziertes Longines-Basiswerk. Der Einzeldrücker steuert die Start-, Stopp- und Nullstellen-Funktion.

Oben im Bild ist einer der ersten Armbandchronographen mit Einzeldrücker zu sehen. Anfang des Jahrhunderts stellt Longines auch Komplikationen her: Minutenrepetitionen höchster Qualität, die in der ganzen Welt sehr gefragt sind.

Nordpol-Expedition, auf der ihn sechs Longines-Uhren begleiten, die auch bei minus 20 Grad noch perfekt funktionieren; die gleichen Modelle zählt auch Kommandant Byrd 1928 auf seiner Expedition an den Südpol zu seiner Ausrüstung. Im Jahr 1927 ersucht Charles A. Lindbergh den amerikanischen Longines-Importeur, eine von ihm entworfene Uhr – die berühmte „Stundenwinkel-Armbanduhr Modell Lindbergh", die es ermöglicht die Zeit in Sonnenzeitwinkeln abzulesen – für ihn zu bauen. Dieses Modell wird im Jahre 1987 in einer Neuauflage der Öffentlichkeit vorgestellt.

1900 stirbt Francillon, das Unternehmen bleibt jedoch dank hervorragender Mitarbeiter bestehen. Von den 8linigen Kalibern wechselt man nun auf die 24linigen. Aus dieser Zeit stammen auch Minutenrepetitionen von höchster Qualität. 1903 erntet eine Taschenuhr mit einer Gesamthöhe von 3,8 mm großen Beifall. Die Fertigung steigt auf ein jährliches Volumen von 122 000 Exemplaren. 1905 präsentiert man die ersten Armbanduhren. 1915 sterben Francillons Witwe und sein engster Mitarbeiter Jacques David. Die Firma heißt nun Fabrique des Longines Francillon & C. S.A.

Die Weltwirtschaftskrise der zwanziger Jahre stellt das Unternehmen vor enorme Probleme. Man ist zwar in der Lage, die Schwierigkeiten zu meistern, doch bald wirft der zweite Weltkrieg seine Schatten voraus. Auch diese wirtschaftliche Krisenzeit vermag Longines nichts anzuhaben. Die Uhren werden immer präziser und immer häufiger von den verschiedensten Observatorien ausgezeichnet. Schon 1912 stellt Longines die ersten Vorrichtungen zur Zeitnahme bei sportlichen Wettkämpfen her. Das Unternehmen setzt seine Arbeit auf diesem Gebiet fort, und als man der Swiss Timing beitritt, hat Longines bereits hochentwickelte elektronische Zeitmeßgeräte im Programm. Mit Omega teilt man sich die Aufgabenbereiche dieses Fachgebietes. Wie auch andere große Firmen wird Longines dem SMH-Konzern angegliedert.

Neben Präzisions- und Sportuhren nimmt auch der Bereich der Damen-Schmuckuhren einen bedeutenden Platz in der Produktion ein. Brillantbesetzte oder mit Goldarmbändern versehene Damenuhren sowie die klassisch runden Armbanduhren mit mechanischen Werken finden immer größeren Anklang. Trotz der Größe bleibt man weiterhin eine „manufacture", die alle ihre Uhrwerke mit dem Signet „L" versieht.

In einer Zeit, in der die Elektronik einen immer größeren Platz einnimmt, erkennt man das Potential der Quarzuhren und beginnt eine Zusammenarbeit mit dem Centre Electronique Horloger. 1969 präsentiert man die Ultra-Quarz, eine kybernetische Armbanduhr. 1972 entsteht aus der Kooperation mit Ebauche S.A. und Texas Instruments das Modell Clepsydre, die erste Armbanduhr mit digitaler Flüssigkristallanzeige (LCD). Sie weist einen Durchmesser von 28 mm und eine Gesamthöhe von 11,70 mm auf. Seit Anfang der siebziger Jahre verläuft die Produktion von klassischen und elektronischen Uhren parallel.

Im Jahr 1988 zeigt Longines in der Kollektion Conquest den Formel-1-Chronographen mit Hundertstelsekunde, der in der Lage ist, bis zu 99 Zeiten zu speichern und die zehn besten anzuzeigen.

100 Jahre Longines

Im Mai des folgenden Jahres präsentiert Longines 100 Jahre nach Eintragung des Markennamens am 27. Mai 1889 die astronomische Uhr „Sonnen-Epemeridien" mit automatischem Werk. Die beiden Fenster bei der

Schon immer wurden in St. Imier Komplikationen angefertigt, besonders erwähnenswert sind die sogenannten astronomischen Uhren. Zum 100. Geburtstag des Markennamens, der im Mai 1889 offiziell registriert wurde, präsentiert die Manufaktur die Automatic „Sonnen-Epemeridien". Anhand der Fenster im Zifferblatt läßt sich der Sonnenverlauf verfolgen. Der Hebel bei der 6 blockiert die Drehlünette für die Zeitgleichung.

12-Uhr-Indikation geben die Zeiten von Sonnenauf- und Sonnenuntergang an, während die Fenster bei der 3 und 9 Datum bzw. Monat angeben. Durch das Fenster bei der 6 werden die Nord- und Süddeklination der Sonne, die zur leichteren Positionsbestimmung dienen sollen, in Grad angezeigt. Blockiert man die Lünette durch den Hebel bei der 6, läßt sich außer der Kalenderzeit ebenfalls die Sonnenzeit ablesen. 1991 erscheint in der Kollektion Conquest die Futurity, die erste Schweizer Quarzuhr mit ewigem Kalender. In der gleichen Kollektion präsentiert man unter anderem die VHP (Very High Precision) mit thermokompensiertem Quarzwerk, einen Automatic-Chronographen und eine Neuauflage einer Automatic aus den fünfziger Jahren, die Ancienne Conquest.

Im Oktober 1991 beginnen auf dem „Salone Internazionale Della Nautica" in Genua die Feierlichkeiten zum 500. Jahrestag der Entdeckung Amerikas, und Longines stellt in Andenken an den großen Seefahrer die „Christobal C." vor. Da Kolumbus nur ein Astrolabium und ein Kompaß zur Verfügung standen, soll die „Christobal C." an diese Instrumente erinnern. In 24 Stunden dreht sich der Sonnenzeiger einmal um die eigene Achse. Hält man die Uhr nun gegen die Sonne, gibt der Zeiger den Norden bei der 12 an. Die Genauigkeit des Kompasses erhöht sich, wenn eine Hälfte der zweigeteilten Drehlünette hochgeklappt wird und der sich daraus ergebende Schatten über dem Sonnenzeiger liegt. Der Drehring mit Zeitgleichungstafel am Zifferblatt erlaubt ein Ablesen der Sonnenzeit. Der Gehäuseboden ist mit Emailarbeiten dekoriert. Die Auflage in Gold beträgt 300, die in Stahl 3000 Exemplare.

Longines bietet auch Uhren in begrenzter Auflage an. Der Chronograph oben im Bild, der 1991 vorgestellt wurde, besitzt ein Platingehäuse und ist auf 100 Exemplare limitiert. Das untere Bild zeigt „Christobal C.", herausgegeben zum 500. Jahrestag der Entdeckung Amerikas. 300 Exemplare in 18k Gold und 3000 Exemplare in Stahl wurden aufgelegt.

Longines ist über lange Jahre offizieller Zeitnehmer bei internationalen Autorennen. Der Chronograph für die Formel 1 wird 1988 in Imola kurz vor dem Großen Preis von San Marino dem Publikum vorgestellt. Gerhard Berger und Michele Alboreto erhalten jeweils ein Exemplar als Geschenk.

Oben im Bild das erste Modell, das in der Lage ist, 99 Zeitmessungen zu speichern sowie die besten zehn miteinander zu vergleichen.

Ein schöner Chronograph, vorgestellt Ende der vierziger Jahre. Das in Roségold gefertigte Gehäuse besteht aus drei Teilen: Carrure, Lünette und Klappboden. Ein Zeiger der Chronographenzähler ist serpentinförmig, eine Besonderheit der Chronographen von Movado. Am äußeren Rand des Zifferblatts, ist die Pulsationsskala zur Messung der Herzfrequenz zu sehen.

Movado

Unter einem guten Stern

Vier Brüder und ein symbolischer Name. Technik und Design. Polyplan, Ermeto und Museum. Seit 1983 befindet sich die Manufaktur in amerikanischem Besitz. Die Kollektion 1881.

Als Edouard Favre-Perret 1876 nach seiner Mission als offizieller Repräsentant der Schweiz auf der Internationalen Ausstellung in Philadelphia wieder in La Chaux-de-Fonds eintrifft, erzählt er begeistert von der perfekten Organisation der amerikanischen Uhrenindustrie, die Uhren in Großserie produziert und alle erforderlichen Arbeitsgänge unter einem Dach ausführt. Zu diesem Zeitpunkt hätte niemand auch nur annähernd vermutet, daß in weniger als einem Jahrhundert zwei der heimischen Manufakturen, Zenith aus Le Locle und Movado aus La Chaux-de-Fonds, in amerikanischen Besitz übergehen würden. Und noch weniger hätte dies wohl Achille Ditesheim für möglich gehalten, der neunzehnjährig sein eigenes Atelier mit sechs Angestellten eröffnet. Der Betrieb nennt sich A.I. Ditesheim, wird aber wenig später, als Achilles Brüder Leopold und Isidor in die Firma eintreten, in L.A.I. Ditesheim umbenannt.

Die zahlreichen kleinen Familienbetriebe im Kanton Neuchâtel sind nur in der Lage, den Wettbewerb mit den großen Manufakturen aufzunehmen, wenn sie verstärkt auf Kreativität und Qualität setzen. Die Gebrüder Ditesheim schlagen diesen Weg ein und konzentrieren sich mit Erfolg auf die Produktion von Anhängeuhren für Damen und Taschenuhren für Herren. Die Palette erweitert sich später um Armbanduhren, die mit qualitativ hochwertigen Werken ausgestattet sind.

Präzision ist eines der Hauptmerkmale einer guten Uhr. Unter dieser Maxime steht die Produktion des Hauses, und 1890 erhalten sechs Exemplare für ihre Ganggenauigkeit vom Observatorium in Neuchâtel das Zertifikat der A-Klasse. Im Laufe der Jahre folgen weitere Auszeichnungen.

Anfang des 20. Jahrhunderts tritt auch Leopolds Zwillingsbruder Isaac in den Betrieb ein, und eine Änderung des Firmennamens wird in Erwägung gezogen, aber erst im Jahre 1905 durchgeführt. Die Gebrüder entscheiden sich, die Firma „Movado" zu taufen, was in Esperanto soviel bedeutet wie „immer in Bewegung sein". In Anlehnung an die weltoffene Philosophie dieser Sprache charakterisiert die Bedeutung des Firmennamens gleichzeitig das Wesen der Uhrmacherkunst. Im gleichen Jahr gewinnt die Manufaktur auf der Weltausstellung in Liège die Goldmedaille.

Die Ermeto von 1926 ist eine der berühmtesten Taschenuhren. Sie verfügt über einen speziellen Aufzugsmechanismus, der durch Auf- und Zuziehen des Gehäuses betrieben wird.

Die Manufaktur aus La Chaux-de-Fonds kann auf eine stattliche Zahl von Uhren mit komplettem Kalendarium oder Mondphase zurückblicken. Dieses Modell, dessen Zifferblatt zweifarbig gehalten ist, stammt aus den fünfziger Jahren.

1912 stellen die Gebrüder die Polyplan vor, deren Werk nicht nur in zwei Ebenen aufgebaut ist, sondern deren Gehäuse und Werk gewölbt sind und sich dem Handgelenk ergonomisch anpassen. Die rechteckige Platine ist an ihren Enden abgewinkelt, in der Mitte befinden sich die Zeigerwerke und in den schräg zulaufenden Seitenteilen die Unruh bzw. die Aufzugsfeder und die Zeiteinstellung. Eine besondere Vorrichtung läßt den Anker mit seiner in einem stumpfen Winkel sich fortsetzenden Gabel in gleicher Ebene mit der Unruh zusammenarbeiten. Während des ersten Weltkrieges stellt Movado Soldatenuhren her, und 1924 eröffnet man eine Filiale in New York, wo Movado-Uhren sofort auf reges Interesse stoßen. Anfang der zwanziger Jahre bietet die Manufaktur bereits über 100 verschiedene Modelle an, darunter auch brillantenbesetzte Damenuhren.

1926 präsentiert Movado eine Taschenuhr, die Ermeto, die über viele Jahre produziert und sogar an andere Uhrenmanufakturen verkauft wird. Die Ermeto entsteht aus einer Versuchsreihe, die sich mit dem automatischen Aufzug von Werken beschäftigt: Beim Auf- und Zuziehen der beiden Gehäusehälften wird die Uhr aufgezogen. In den Dreißigern widmet sich die Manufaktur der Entwicklung von wasserdichten Uhren — in gleichem Maße wie sie sich früher ihren Chronographen widmete. Nach Ende des zweiten Weltkrieges debütieren die ersten Automatikuhren mit Kalendarium.

Die legendäre Museum

Der New Yorker Nathan George Horwitt, Künstler der Bauhaus-Schule, entwirft 1947 eine Uhr, deren Zifferblatt einen einzigen Goldpunkt auf der 12-Uhr-Indikation aufweist. Die Idee ist nicht neu, denn bereits in den Jahren zwischen 1920 und 1930 wandte er sie bei dem Entwurf einer digitalen Tischuhr an. 1958 erhält der Künstler auf seine dritte Uhr ein Patent; sie wird als einzige seiner Uhren produziert. Zwischen 1956 und 1960 versucht er, leider erfolglos, mehrere Manufakturen für seine Entwürfe zu interessieren. 1960 schließlich kürt das Museum of Modern Art in New York die Horwitt-Studie zum Symbol moderner Uhrenkunst. 1961 erwirbt Movado die Rechte für Horwitts Design und tauft das neue Modell „Museum".

Ende der sechziger Jahre beginnen Movado und Zenith eine Zusammenarbeit, die 1971 zum Firmenwechsel nach Le Locle führt. Kurz darauf übernimmt die Chicagoer Zenith Radio Co. die Aktienmehrheit der Gesellschaft. Einige Jahre später geht Zenith wieder in Schweizer Besitz über, während Movado von der North American Watch Corporation aufgekauft wird; der Firmensitz wechselt

Zwei Chronographen aus den vierziger Jahren. Links ein Damenmodell, einer der kleinsten Chronographen der damaligen Zeit. Rechts im Bild ein Modell mit Tachymeter-Skala und einem 30-Minuten-Zähler mit Telefoneinheiten-Skala. Der Serpentin-Zeiger ist eine Besonderheit der Marke.

Rechts im Bild ein rechteckiges Modell mit anatomisch geformtem Gehäuse; das Werk ist ebenfalls rechteckig. Am Handgelenk wirkt diese Uhr aus den vierziger Jahren besonders elegant. Unten ein Chronograph aus den Fünfzigern mit zylinderförmigen Drückern.

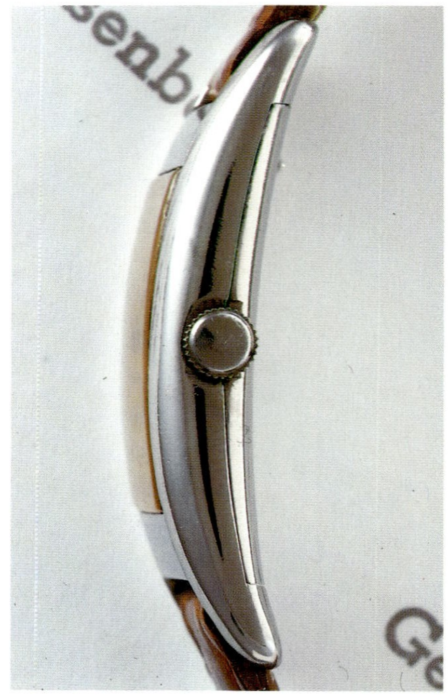

nach Grenchen. 1988 stellt Movado erstmals auf der Internationalen Uhrenmesse in Basel aus. Der Jahresumsatz ist mittlerweile von 4 auf 60 Millionen Dollar gestiegen, so daß Movado sich entschließt, auf jeder Messe in Basel präsent zu sein und dort von modernen Künstlern entworfene, streng limitierte Uhrenmodelle zu zeigen.

Aus der Freundschaft zwischen Andy Warhol, dem geistigen Vater der Pop Art, und Gerry Grinberg, Präsident der North American Watch Co, die sich aus einem Tauschgeschäft heraus entwickelte (Grinberg tauschte eine Movado gegen ein Warhol-Bild), entsteht eine Zusammenarbeit. 1981 schlägt der Künstler vor, für Movado eine außergewöhnliche Uhr zu kreieren. Fünf Gehäuse aus brüniertem Stahl sollen nebeneinanderliegend angeordnet werden. Erst kurz vor Warhols Tod nimmt der Entwurf konkrete Züge an und debütiert in Basel als Andy Warhols „Times/5". Auf jedem der fünf Zifferblätter findet sich eine Schwarzweiß-Fotografie von New York, die der Künstler persönlich auswählte. 250 Exemplare werden aufgelegt, und der Preis liegt bei $ 13 500.

1989 erscheint die Kollektion Rainbow von Yaacov Agam: eine Taschen- und eine Tischuhr sowie zwei Armbanduhren. Die Edition beschränkt sich auf 100 Exemplare mit Stahlarmband und 150 mit Lederarmband sowie auf insgesamt 250 Pendulette-Tischuhren und Taschen-

1992 zeigt Movado auf der Baseler Messe die „Chrono 1950", einen Schleppzeiger-Chronographen mit Quarzwerk. Das Design ist betont aggressiv; die Tachymeter-Skala reicht bis 400 km/h; der Chronograph arbeitet mit einer Zehntelsekunde. Als Gegenpol präsentiert man die Linie Gentry – klassische Uhren in Stahl oder Stahl/Gold. Die Werke sind mechanisch ausgeführt.

Die Kollektion „1881" aus dem Jahr 1990 stellt dem Publikum die erfolgreichsten Modelle, die Movado zwischen 1930 und 1950 produzierte, in einer Neuauflage vor. Zur Kollektion gehören der Automatic-Chronograph oben im Bild sowie die Automatic mit komplettem Kalendarium und das rechteckige Modell mit Silberzifferblatt unten im Bild.

uhren. Jedes Modell wird von dem Künstler signiert. Im Jahr 1990 folgt das Modell „The Color of Time" von Arman, eine Armbanduhr, deren Zeiger als Pinsel und deren Stundenindikationen als Farbflecken ausgeführt sind; 200 Exemplare werden produziert. 1991 stellt Movado eine von James A. Rosenquist entworfene Uhr mit drei Werken — Elapse, Eclipse und Ellipse — und ineinander übergehenden Zifferblättern vor.

Zurück in die Zukunft

1990 wendet Movado sich mit der Kollektion „1881" dem klassischen Stil zu. Neben einem Automatic-Chronographen in Gold passieren alle großen Modelle der Vergangenheit Revue. Automatische Uhren mit ewigem Kalender, doppelter Zeitzone, komplettem Kalendarium mit und ohne Mondphase, ewigem Kalender mit Mondphase oder Datum sowie die legendäre Calendomatic mit Datum außen am Zifferblatt und Tages/Monatsanzeige bei der 12 erleben ihren zweiten Frühling.

Die formschönen Standardmodelle der Vergangenheit feiern ebenfalls ihre Wiederkehr. 1992 dagegen präsentiert sich Movado mit einer etwas agressiver wirkenden Optik, die in dem Chronographen „1950" besonders zur Geltung kommt.

1960 erwirbt Movado die Design-Rechte von Nathan George Horwitt und produziert die „Museum", die 1947 von dem Künstler entworfen wurde. 1960 nimmt das Museum of Modern Art diese Studie in seine Sammlung für modernes Design auf. 1991 stellt Movado in Basel zum 110jährigen Bestehen die „Jubiläum" aus, deren Zifferblatt dem der Museum identisch ist und die über ein Automatic-Werk verfügt.

OMEGA
L'ARIA

Omega

Der Zeit weit voraus

Erfolg mit industrieller Produktionstechnik. Optimales Preis/Leistungs-Verhältnis. Eine Taschenuhr gibt dem Unternehmen seinen Namen. 100 000 Uhren im Jahr 1889. Die Speedmaster auf dem Mond.

Die Uhrenfabrik Omega entsteht im Jahr 1848, als Louis Brandt den Entschluß faßt, in La Chaux-de-Fonds ein eigenes „comptoir" zu eröffnen, einen Betrieb, in dem alle erforderlichen Einzelteile zusammengeführt und von erfahrenen „établisseurs" von Hand zu fertigen Uhren zusammengesetzt werden. Um seine Uhren zu verkaufen reist Brandt, wie zu dieser Zeit üblich, persönlich durch Europa. Er ist 23 Jahre alt, besitzt einen starken Unternehmerdrang und ist äußerst zielstrebig. Als seine Söhne Louis und César in die Firma eintreten, ändert sich der Name in „Louis Brandt & Fils".

Ohne einen für den Humanismus begeisterten Bankier würden die Uhren im Zeichen des griechischen Buchstabens heute noch das Signet „Louis Brandt" tragen, aber es sollte anders kommen. Nach dem Tod von Louis Brandt im Jahr 1879 wechseln seine Söhne nach Biel und erwerben dort ein Fabrikgebäude, das später einmal die Industrieproduktion aufnehmen wird. Das Industriezeitalter bricht an, und junge Unternehmer sind von den Möglichkeiten begeistert, austauschbare Einzelkomponenten einer Uhr industriell herstellen zu können, ohne jedoch bei niedrigeren Kosten Qualität einbüßen zu müssen. Die Gebrüder Brandt vertrauen auf die Mechanisierung und statten die Fabrik, die im Jahr 1880 125 Mitarbeiter zählt, mit modernen Maschinen aus. Obwohl sie im Laufe der Zeit den Firmennamen in Louis Brandt & Frère ändern werden, prangt am Firmengebäude noch in großen Lettern „Manufacture Montres Louis Brandt".

Wie einst der Vater reisen auch César und Louis durch die Lande, um ihre Uhren an den Mann zu bringen. Sie widmen sich jedoch nicht nur dem Verkauf, sondern erforschen ebenso neue Märkte, insbesondere den amerikanischen, dessen perfekt organisierte Industrieproduktion sie sehr beeindruckt. Ihr Kundenkreis wird immer größer, und 1889 erreicht die jährliche Produktion mit einer Belegschaft von 600 Mitarbeitern ein Volumen von 100 000 Uhren. Um der amerikanischen Konkurrenz entgegentreten zu können, entwickeln die beiden Brüder eine Taschenuhr, die 1894 vorgestellt wird: ein neues 19liniges Kaliber. Ihr Bankier Henri Rieckel schlägt ihnen vor, diese Uhr „Omega" zu nennen, in Anlehnung an den letzten Buchstaben des griechischen Alphabets, der im

Oben im Bild das 17linige Werk des auf der linken Seite abgebildeten Chronographen mit Einzeldrücker, angefertigt Anfang des Jahrhunderts. Die Zeitmessung erfolgt auf 1/5-Sekunde genau. Das geöffnete Gehäuse erlaubt einen Blick auf die bimetallische Unruh und die Kompensationsschrauben. Das dreiteilige Gehäuse mit Scharnierverschluß besteht aus 18karätigem Gold.

Unten im Bild der Chronograph aus der 1990 vorgestellten Louis-Brandt-Kollektion. Oben rechts ein Werk aus dieser dreiteiligen Kollektion, zu der ein Chronograph, eine Automatic und ein Ewiger Kalender gehören. Die Modelle sind in den Versionen De Luxe und Skelett erhältlich. Die rechte Seite zeigt die Speedmaster Classic, ein mechanischer Chronograph mit komplettem Kalendarium, der ebenfalls in einer Automatic-Version angeboten wird.

übertragenen Sinne ein untrügliches Zeichen der Vollendung ist.

Die hohe Qualität dieser Taschenuhr findet sofortige Anerkennung. 1896 erhält sie auf der Genfer Ausstellung die Goldmedaille und die von der Fédération Horlogère herausgegebene Zeitschrift bemerkt: „Die Omega ist eine außergewöhnliche Uhr. Sie ist gewiß das Doppelte ihres Preises wert. Das ist der einzige Punkt, der zu kritisieren wäre." Die Observatorien in Neuchâtel und Genf stellen der Omega das höchste Zeugnis für überragende Qualität und hochwertige Bearbeitung der Einzelkomponenten aus. Täglich werden 360 Uhren hergestellt, aber man ist zuversichtlich, bald die 500er-Marke zu erreichen, die jedoch nach nicht allzu langer Zeit bereits übertroffen wird. In einem offiziellen Katalog zur Pariser Ausstellung im Jahr 1900 ist wörtlich zu lesen: „Die Produktionskapazität von Omega steigt kontinuierlich an. Die aktuellen Zahlen belaufen sich auf 180 000 Uhren jährlich, 600 Uhren täglich und eine Uhr minütlich." Sehr bald sind es schon 800 und kurze Zeit später 1000 Exemplare täglich. Die Relation zwischen Preis und Qualität ist außerordentlich günstig. Die einzelnen Arbeitsgänge sind optimal aufeinander abgestimmt, und jeder Fertigungsschritt wird von genauesten Kontrollen begleitet. Jede Uhr, die das Atelier verläßt hat, 1662 Arbeitsgänge absolviert. Um fünfzehn Maschinen zu überwachen, ist nur ein einziger Arbeiter erforderlich. Alle Komponenten werden vor Ort hergestellt.

Ein einziges Beispiel reicht aus, um sich die gewaltigen Veränderungen innerhalb der Uhrenbranche vor Augen führen zu können. Jedes Werk einer Omega besitzt mindestens 42 Schrauben, was eine Tagesproduktion von 33 600 Schrauben erfordert. Es werden jedoch 50 000 benötigt, da die Uhren der höheren Qualitätsklassen bis zu 50 Schrauben beinhalten. Die

produktionstechnische Ausrüstung spielt daher bei Omega eine sehr wichtige Rolle. 1600 Maschinen sind für die Herstellung von 145 Basiskomponenten zuständig. Ein Drittel der 1500 Beschäftigten sind Frauen.

Um die Jahrhundertwende eröffnet Omega eine Filiale in Paris, und das Exportgeschäft erreicht schwindelerregende Ausmaße. 1903 sterben die Gebrüder Brandt, worauf der Firmenname in „S.A. Louis Brandt & Frère, Omega Watch Co" umbenannt wird. Die Söhne von Louis, Adrien und Paul, sowie die Söhne von César, Gustave und Ernest, sind nun für die Geschicke des Unternehmens verantwortlich. Der älteste von ihnen ist gerade 23 Jahre alt, das Alter, in dem der Großvater die Firma gründete. Der jüngste der Brüder ist erst 17, ein Umstand, der sie jedoch nicht von ihrem Erfolgskurs abbringen kann.

Das goldene Registraturbuch, in das alle von dem Unternehmen hergestellten Kaliber – den Anfang machte 1894 das 19linige Lépine – eingetragen werden, füllt sich zusehends. 1914 ist es ein 9liniges Savonette-Kaliber für Damen mit einem Durchmesser von 20,30 mm und einer Höhe von 3,70 mm. Ebenfalls registriert werden diejenigen Kaliber, die an namhafte Juweliere verkauft werden. Man beginnt mit der Produktion von Komplikationen, Sportuhren, Marine-Uhren und Tischchronographen sowie auch Uhren für den Automobilbau.

TACHYMETRE
MAR
OMEGA
SWISS
MADE

Rechts im Bild die Cosmic in 18k Gold mit komplettem Kalendarium aus den fünfziger Jahren. Unten abgebildet ein Chronograph aus den Zwanzigern mit Chronographenfunktion bei der 2. Ganz rechts ist ein elegantes Modell aus den fünfziger Jahren zu sehen, mit komplettem Kalendarium, aufgesetzter geometrischer Stundenindikation und kleiner Sekunde.

Das Debüt von Omega im Sport findet in Zürich beim Gordon-Bennett-Cup statt, und 1917 werden Uhren von Omega offiziell von der britischen wie auch später der amerikanischen Luftwaffe eingesetzt. Fliegerchronographen machen einen großen Teil der Chronographen-Produktion aus. General Italo Balbo und seine Truppe tragen Omega-Uhren, als sie im Jahre 1933 24 Wasserflugzeuge von Rom nach New York fliegen. Die Zuverlässigkeit der Uhrwerke überzeugt nicht nur die italienische Luftwaffe, sondern dreißig Jahre später auch die NASA. Uhren von Omega gehören zur Ausrüstung der ersten Astronauten. Neil Armstrong trägt, als er den Mond betritt, eine Speedmaster Professional am Handgelenk. Von diesem Modell werden 1989 und 1992 zwei Jubiläumsauflagen produziert.

Nicht nur im Weltraum, sondern auch in den Tiefen des Meeres zeigt sich Omega als das Maß für Spitzenleistungen. Im Jahr 1970 begleitet die Seamaster in der Bucht von Ajaccio Taucher bis auf 250 m Tiefe. 11 Jahre später ist es wiederum eine Seamaster, die von Jacques Mayol auf seinen Tauchgängen vor Elba bis auf über 100 m getragen wird.

Omega und die Olympiade

Seit 1932 ist Omega auch bei den Olympischen Spielen vertreten. Bei der Olympiade in Los Angeles wird die Zeitmessung einem einzigen Unternehmen anvertraut: Omega. Von nun an ist man offizieller Zeitnehmer auf zehn Sommer- und neun Winterspielen. Für diese Zwecke entwickelt Omega spezielle Aparaturen: 1945 eine tragbare Lichtschranke, 1946 eine hochmoderne „Fotofinish"-Kamera, 1955 eine numerische Anzeigetafel für den Schwimmsport, 1961 einen Zeitmesser für Fernsehübertragungen, 1963 die Kamera „Photosprint" für Fotoaufnahmen auf der Ziellinie, 1967 die Anschlagtableaus für Schwimmwettkämpfe und 1979 eine Meßeinrichtung, die für die Dauer eines Wettbewerbes simultan die Positionen der Teilnehmer auflistet. Neben diesen Spezialgeräten entwickelt Omega auch spezielle Uhren, wie z.B. den Quarz-Chronographen für die Olympiade 1976 in Montreal. Er besitzt die ungewöhnlichen Maße: 50 mm Breite, 35 mm Höhe, 13 mm Stärke. Die Zeitanzeige erfolgt analog, während ein Doppelsystem mit LCD-Anzeige (Flüssigkristallanzeige) die chronographischen Funktionen bis auf ein Hunderstel genau übernimmt. Für die Olympiade in Seoul wird 1988 eine limitierte Edition von 999 Seamaster herausgegeben; für Barcelona 1992 präsentiert man die Seamaster mit Zehntelsekunde sowie zwei Goldplaketten an den Bandanstößen, die die Olympischen Ringe und die Namen der Austragungsorte, Albertville und Barcelona, tragen. 1967 kommen vor allem Liebhaber von Taschenuhren auf ihre Kosten, als Omega einen Schleppzeiger-Goldchronographen mit offiziellem Chrono-

OMEGA
MON
JUL

Rechts die Marine Chronometer, eine der ersten Omega-Quarzuhren. Unten der Fliegerchronograph Flightmaster, und auf der rechten Seite eine Jubiläumsausgabe der Speedmaster Professional aus dem Jahr 1992. Dieser Chronograph wurde berühmt durch den Einsatz bei zahlreichen amerikanischen Weltraumfahrten.

meter-Zertifikat präsentiert. Die Olympic ist ein Kaliber 1311 und weist einen Durchmesser von 67 mm auf.

Dinosaurus und die 7

In den siebziger Jahren beginnt das Wettrennen um die flachste Uhr, und 1980 präsentiert Omega die „Magique" Goldkaliber 1355 mit einer Höhe von 1,48 mm (manche Exemplare bringen es sogar auf 1,35 mm). Das Modell ist 35 mm lang und 27 mm breit. Das Stimmgabelwerk schwingt mit einer Frequenz von 32 768 Hz und ist gegen Stöße und Temperaturschwankungen vakuumgekapselt. Dieses Projekt wird auf den Namen „Dinosaurus" getauft, und für die Präsentation wählt man die magische Zahl „7". Die Uhr wird gleichzeitig in sieben Ländern vorgestellt. 98 ausgesuchte Persönlichkeiten (7×14) wohnen dem Ereignis zeitgleich um 21 Uhr bei, das begleitet wird von einem Abendessen in 7 bekannten Restaurants mit 7 verschiedenen Menues mit 7 Gängen, zubereitet von 7 berühmten Chef de Cuisine, während 7 Schweizer Künstler 7 Kunstwerke kreieren. Mit der Serie „Art" schlägt Omega Ende der achtziger Jahre eine weitere Brücke zur Kunst. Diese Modelle verfügen über Gehäuse aus hochverdichtetem Saphirstaub, deren Böden mit Werken moderner Künstler dekoriert sind.

1990 realisiert Omega ein ehrgeiziges Projekt und erweckt eine hochwertige Kollektion wieder zum Leben, die Komplikationen „Louis Brandt". Diese Meisterwerke werden in einer limitierten und numerierten Edition herausgegeben. Eine Automatic, ein Chronograph sowie ein Ewiger Kalender werden in jeweils 150 Exemplaren in 18karätigem Gold als De Luxe- oder Skelett-Version angeboten. Der Verkauf erfolgt nur in den Städten Zürich, Mailand, Paris, München, Düsseldorf, London und New York. Der Ewige Kalender ist mit dem neuen Kaliber 1113 ausgestattet; der Chronograph besitzt ein modifiziertes

TACHYMETRE
OMEGA
Speedmaster
PROFESSIONAL

Kaliber 1155; die Automatic verfügt über ein Kaliber 1110. Alle Werke haben eine Frequenz von 28 000 Halbschwingungen je Stunde. 1992 kündigt der SMH-Konzern die Übernahme von Frédéric Piguet an, und es wird in Erwägung gezogen, die Louis Brandt mit dem berühmten Piguet-Werk auszustatten.

1930 schließen sich Omega und Tissot aufgrund der Wirtschaftskrise zu einer Gesellschaft zusammen, der S.S.I.H. (Société Suisse pour l'Industrie Horlogère). Initiator dieser Fusion ist Paul Tissot, der auch Geschäftsführer bei Omega ist. 1932 tritt ebenfalls die Manufaktur Lémania der S.S.I.H. bei, deren Werke einen ausgezeichneten Ruf genießen. Jedes Unternehmen arbeitet selbständig, während Marketing und Verkauf gemeinsam durchgeführt werden. 1983 kommt es zu einem Zusammenschluß zwischen der S.S.I.H. und der ASUAG (die Allgemeine Schweizerische Uhrenindustrie AG, zu der auch Hersteller von Uhrwerken gehören). 1985 bildet sich schließlich der größte Uhrenkonzern der Welt, die SMH (Société Suisse de Microéléctronique et d'Horlogerie).

Neben den bereits erwähnten Modellen sind das Kaliber 30 mm, das ganze Generationen von Armbanduhren ausgestattet hat, und die Constellation ganz besonders hervorzuheben.

Omega war nicht nur bei über 20 Olympischen Spielen offizieller Zeitmesser, sondern hat auch in dieser Funktion unzählige internationale sportliche Wettbewerbe begleitet. Oben im Bild der Chronograph, der für die Olympiade 1976 in Montreal entwickelt wurde. Unten rechts die beiden für die Olympischen Spiele 1988 in Seoul vorgestellten Modelle. Die rechte Seite zeigt die legendäre Constellation, eine der erfolgreichsten Uhren der Omega-Kollektion.

OMEGA
Constellation
SWISS MADE

STRIKE
FRI
JUL
SWITZERLAND

Patek Philippe

Die Magie der Kunst

Ein Pole und ein Franzose erlangen gemeinsam Weltruhm. Über 150 Jahre erfolgreiche Uhrenmanufaktur. Komplikationen und Patente. Das Kaliber 89 mit 33 Funktionen.

Die unklare politische Lage und die Aufstände gegen die russische Übermacht in Polen bilden den geschichtlichen Hintergrund für die Entstehung von Patek Philippe. Antoine Norbert Patek de Pradwdzic wird 1812 in Piaski geboren. Während seiner Karriere als Kavallerieoffizier wird er zum Exil gezwungen und läßt sich auf der Suche nach einer neuen Heimat schließlich in Genf nieder. Seine Liebe zur Uhrmacherkunst, der er bereits in Paris frönt, als er bei dem Landschaftsmaler A. Caleme Malerei studiert, dürfte allerdings eine große Rolle bei dieser Wahl gespielt haben. Dank seines stilvollen Geschmacks und des angeborenen Geschäftssinns läßt er sich exquisite Uhrengehäuse kommen und überwacht persönlich die Montage von hochwertigen Werken. Alles spricht dafür, daß er diese Tätigkeit als lukratives „Hobby" betreibt, aber das Zusammentreffen mit dem erfahrenen Uhrmacher François Czapek, der 1811 in Böhmen geboren wurde und später die polnische Staatsangehörigkeit annimmt, bringt ihn dazu, eine Gesellschaft zu gründen und ein Gewerbe anzumelden.

Am 1. Mai des Jahres 1839 eröffnet die „Patek, Czapek & Co" ihre Tore an der Genfer Seepromenade, Quai des Bergues 29. Man beschäftigt 5 bis 6 Mitarbeiter, und die Produktion beläuft sich auf etwa 200 Taschenuhren im Jahr. Dieses Ergebnis fällt für beide Partner recht zufriedenstellend aus. 1843 erhält Patek die Schweizer Staatsangehörigkeit, und 1844 kommt es in Paris zu einem weiteren wichtigen Zusammentreffen. Er lernt Adrien Philippe kennen.

Philippe ist ein Genie der Uhrmacherkunst. Er erfindet ein neues System für den Uhrenaufzug, das statt des üblichen Schlüssels eine Krone verwendet, die, bei der 12 angebracht, Zeigerstellung und Aufzug regelt. Auf der Pariser Ausstellung treffen Patek und Philippe zufällig aufeinander, und Patek macht ihm das Angebot, die Geschäftsführung des Betriebes zu übernehmen, da sein Verhältnis zu Czapek bereits erste Probleme aufwirft. 1845 wird die alte Gesellschaft aufgelöst und eine neue zwischen Patek, Philippe und dem Juristen Vincent Gostkowski ins Leben gerufen.

Philippe, der von seinem Vater, einem Uhrmacher, alles Wissenswerte über die Uhrmacherei gelernt hat, perfektioniert seine Künste in England und Paris. In Versailles eröffnet er mit einem Partner ein eigenes Atelier, das

Unten im Bild ein seltener Chronograph aus den vierziger Jahren mit rechteckigen Drückern. Ganz links die wundervolle Graves, eine Taschenuhr mit 24 Funktionen, die 1932 von Patek Philippe im Auftrage eines amerikanischen Millionärs fertiggestellt wurde.

Oben ein Rattrapante aus dem Jahr 1913, angefertigt für einen linkshändigen Millionär. Unten im Bild ebenfalls ein Schlepp-zeiger-Chronograph aus den Vierzigern, der für Tiffany entworfen wurde. Rechts eine Zeichnung von D. Penney von dem Modell 2499 und ganz rechts ein Chronograph aus den vierziger Jahren.

jährlich etwa 150 Uhren produziert. Als er Patek kennenlernt, ist er bereits ein erfolgreicher Mann, und nach seiner Ankunft in Genf beschränkt er sich nicht nur auf die Geschäftsführung der Firma, sondern denkt über neue Produktionsmethoden nach, schreibt eine Dissertation über die Aufzugskrone, die er 1863 veröffentlichen läßt, und arbeitet mit am Journal de Genève. 1851 wird die Firma in „Patek Philippe & Co" umbenannt, und die Teilnahme an der Londoner Ausstellung legt den Grundstein für die gemeinsame Arbeit.

Königliche Uhren

Königin Victoria erwirbt eine wunderbare Broschenuhr, die mit Emailverzierungen und Brillanten geschmückt ist. Die Uhr besitzt ein 12liniges Werk mit Zylinderhemmung und Kronenaufzug. Prinz Albert dagegen entscheidet sich für eine Savonette mit Viertelstundenrepetition und Kronenaufzug. Im Ausstellungskatalog findet die kleinste je gebaute Taschenuhr mit 3¾linigem Werk besondere Erwähnung.

Danach geht Patek mit seinen in Genf entstandenen Meisterwerken auf Reisen. 1854 reist er in die Vereinigten Staaten. Tiffany, seit langer Zeit treuer Kunde, beabsichtigt jedoch nicht, große Einkäufe zu tätigen, da man bereits für umgerechnet 6 Millionen Franken Ware am Lager hat. Die Amerikaner bevorzugen sehr präzise, aber preiswerte Uhren und folgen, wie Patek schreibt, „weniger den Empfehlungen der Presse, sondern nur dem eigenen Geschmack".

Auf der Ausstellung in New York gewinnt eine Uhr von Patek Philippe die Silbermedaille; 1855 folgt in Paris die ersehnte Goldmedaille. Die jährliche Produktion ist mittlerweile auf über 1300 Uhren angestiegen, und zehn Jahre später erreicht sie 2500 Exemplare. 1863 beginnt man bei Patek Philippe, auch bei Tag mit künstlichem Licht zu arbeiten und verhängt die Fenster, da sich die Angestellten durch die Bauarbeiten an der Rhône-Brücke zu leicht ablenken lassen. Um 1870 installiert die Geschäftsführung ein hydraulisches System zur Mechanisierung von verschiedenen Arbeitsabläufen, was eine Steigerung der Produktion auf 3350 Uhren jährlich zur Folge hat. Solch

moderne Methoden stoßen in der Öffentlichkeit allerdings auf wenig Gegenliebe. Eine englische Zeitung schreibt, daß die Manufaktur eigentlich für Tiffany errichtet wurde und die Maschinen aus Amerika stammen, aber das Projekt mißlungen und Patek Philippe als Zulieferer des amerikanischen Unternehmens nun in den Besitz der Anlagen gelangt sei. Philippe ist über diese Meldung maßlos erbost, da er doch seit über dreißig Jahren seine Maschinen selbst konstruiert. Er veröffentlicht daraufhin ein entschiedenes Dementi.

PATEK PHILIPPE & Co
GENEVE
BASE
1 MILE

Patek Philippe ist nicht nur der Hersteller von den klassischen Uhren, die man von großen Auktionen her kennt, sondern auch Produzent sogenannter Fantasie-Uhren, wie z.B. dem eleganten Modell mit gewölbtem Gehäuse links und dem Modell aus den sechziger Jahren mit Emailarbeiten rechts im Bild.

Die Genfer Manufaktur hat auch bedeutende Weltzeituhren geschaffen. Unten im Bild erscheinen auf diesem Modell im Stil der Vierziger Europa und Asien als mehrfarbige Emailapplikationen. Die rechte Seite zeigt eine Weltzeituhr mit zwei Kronen, wobei die zusätzliche Krone eine Scheibe mit den Städtenamen betätigt.

1876 zieht sich Vincent Gostkowski aus dem Geschäftsleben zurück und an seine Stelle treten Albert Cingria, Gabriel-Marie Rouge und Edouard Köhn, Sohn des Uhrmachers am Hofe des Großherzogs von Sachsen, der jedoch fünf Jahre später wieder ausscheidet. Patek, dem Papst Pius IX den Grafentitel für seine Bemühungen um die polnischen Flüchtlinge verliehen hatte, stirbt im Jahre 1877. Zehn Jahre nach Gründung der Manufaktur am Grand Quai wird das alte Firmengebäude abgerissen und ein neues errichtet. Philippe übergibt die Firmenleitung seinem Sohn Joseph-Emile, und 1901 nimmt die Manufaktur den Namen „Patek Philippe & Cie SA" an.

Anfang des Jahrhunderts beginnt man ebenfalls mit der Herstellung von Armbanduhren (1915 trägt eine wertvolle Fünfminutenrepetition bereits den Namen Patek Philippe).

Auf dem Markt erscheint der Chronometer Gondolo mit dem Namen des bekannten brasilianischen Juweliers, für den Patek Philippe besondere Uhrwerke produziert.

Ein Jahrzehnt später fertigt Patek Philippe die erste Armbanduhr mit ewigem Kalender. Sie ist jedoch in der Herstellung so kostenaufwendig, daß man das Projekt aufgeben muß; erst 1941 wird mit der Produktion eines Chronographen mit ewigem Kalender begonnen. 1927 beträgt der Preis für den ersten Armband-Chronographen mit Einzeldrücker 2135 Franken. Als Werk setzt man ein Ebauche-Ankerwerk von Victorin Piguet & C. ein.

Da man es sich zum Ziel gesetzt hat, auf besondere Wünsche der Kunden einzugehen, entstehen im Laufe der Zeit zahlreiche Einzelstücke. Ein Beispiel ist die Taschenuhr von James W. Packard mit außergewöhnlichem „Läutwerk", das die vollständige Melodie der „berçeuse" aus der Oper Joceline von Benjamin Godard spielt. Die Uhr verfügt über eine Minutenrepetition, hat 13 Funktionen und ist auch jeden der 8300 Franken, die sie kostet, wert.

Die Wirtschaftskrise des Jahres 1929 wirft auch auf Patek Philippe ihre Schatten und zwingt die Manufaktur zum Verkauf der Firmenaktien.

ISLANDE LONDRES OSLO
AÇORES MADÈRE PARIS GENÈVE ISTANBUL
DAKAR ALGER ROME
RIO DE JANEIRO
BUENOS-AIRES
LE CAP
MOSCOU
NEW-YORK
MONTRÉAL
ADEN
I.MAURICE
RÉUNION CEYLAN
BOMBAY
MEXICO CHICAGO
DENVER
CALCUTTA
CALIFORNIE
SAÏGON
SINGAPOUR
KLONDIKE
PÉKIN
ALASKA
TAHITI
SAMOA
I FIDJI
SYDNEY
TOKIO
ADELAIDE
I.MARSHALL
I.AUCKLAND
PATEK PHILIPPE
GENÈVE

PATEK PHILIPPE & Co
GENEVE
SWISS

Jacques David LeCoultre macht den Besitzern zwar ein Angebot, das jedoch abgelehnt wird. Statt dessen akzeptiert man die Offerte der Fabrique des Cadrans Stern Frères, dem langjährigen Zulieferer von Zifferblättern. Der Neffe von Adrien, Jean Adrien Philippe, muß sich aus der Geschäftsleitung zurückziehen, und Jean Pfister, der bereits Geschäftsführer von Tavannes Watch ist, übernimmt seine Position. Er beschließt wie in der Vergangenheit die Uhrwerke in Eigenregie herzustellen sowie die Lagerbestände den Erfordernissen des Marktes anzupassen. 1934 gründet Henri, Sohn von Charles Stern, die Henri Stern Watch Agency in New York und kümmert sich um den Vertrieb auf dem amerikanischen Markt. 1958 nimmt er Pfisters Platz ein, übergibt aber später – er bleibt Präsident des Unternehmens – die Firmenleitung seinem Sohn Philippe, der zum Vizepräsidenten und Generaldirektor avanciert.

1932 stellt Patek Philippe die „Calatrava" vor, benannt nach einem 1158 von dem Abt Raimondo in der Stadt Calatrava gegründeten Ritterorden, dem König Ferdinand der Katholik im Jahr 1482 wieder zu altem Glanz verhilft. Das in Form einer Münze gestaltete Gehäuse mißt 31ymm, wird aber später auf 28 mm in der Herren- und 24 bzw. 21 mm in der Damenausführung verkleinert. Sehr gelungen sind auch die Uhren mit 9linigem Kaliber 90, das in extravagante Gehäuse montiert wird. In den vierziger Jahren präsentiert Patek Philippe Tourbillon-Uhren. Von 1944 bis 1966 erhalten etwa 500 Taschen- und Armbanduhren Preise und Auszeichnungen; zwischen 1949 und 1979 meldet man 40 neue Patente an. Zu den wichtigsten zählen die Gyromax-Unruh und eine Vorrichtung, die die Zeiteinstellung für die verschiedenen Zeitzonen ohne Beeinträchtigung des Minutenzeigers ermöglicht.

Die erste patentierte Automatikuhr von Patek Philippe stammt aus dem Jahr 1953. Ab 1977 verwendet man ein automatisches Werk von 2,4 mm, das später durch einen neuartigen

Das legendäre Kaliber 89 mit 33 Funktionen. Die Minutenrepetition mit ewigem Kalender unten im Bild ist eine der Komplikationen, die zum 150jährigen Bestehen der Manufaktur herausgegeben wurden. Auf der Seite links ist ein Modell im Stil der Dreißiger zu sehen mit der Aufzugskrone bei der 12.

Die Springende Stunde, präsentiert zum 150. Jubiläum. Unten links im Bild das Tourbillon mit Minutenrepetition aus dem Jahre 1992 und rechts ein Tourbillon 50", das 1962 vom Genfer Observatorium ausgezeichnet wurde. Das große Bild rechts zeigt einen ewigen Kalender mit Minutenrepetition und retrograder Datumsanzeige von 1992.

ewigen Kalender ergänzt wird und eine Gesamthöhe von nur 3,75 mm aufweist.

1966 entwirft Jean Daniel Rubeli, Chef der Entwicklungsabteilung, das Modell Ellipse und hält sich bei der Formgebung an die Regeln des „Goldenen Schnitts"; 1969 setzt man den Entwurf in die Tat um. Das Blau des Zifferblatts wird durch chemische Behandlung des Goldes erzeugt. Es folgen Versionen mit weißem Zifferblatt, skelettierten Gehäusen und mechanischen oder Quarzwerken. Im Bereich der Sportuhren entsteht die Linie Nautilus, deren Optik an ein Bullauge erinnern soll. Die Manufaktur produziert auch weiterhin Komplikationen, wie z.B. das Modell 3940, ein Ewiger Kalender mit Schaltjahr, Mondphase und 24-Stunden-Anzeige, das Modell 3970 aus dem Jahre 1986 mit Chronograph und ewigem Kalender, dessen Vorläufer das Modell 2499 aus den fünfziger Jahren ist, oder den Chronographen mit ewigem Kalender und Minutenrepetition.

Mit der Graves stellt Patek Philippe einen Taschen-Rattrapante mit 24 Funktionen vor, der über Grande und Petite Sonnérie sowie Minutenrepetition verfügt. Außerdem zeigt er Sonnenauf- und Sonnenuntergang sowie den Sternenhimmel über New York an.

Das Meisterwerk

Das Kaliber 89 übertrifft dieses Modell noch bei weitem. Es hat 33 Funktionen, 1728 Einzelteile, einen Durchmesser von 88 mm, eine Höhe von 41,07 mm, ein Gewicht von 1,1 kg, 24 Zeiger, 8 Scheiben, zwei Zifferblätter und wird über Nacht zur Legende. Das Zifferblatt für die Kalenderzeit besitzt Zeiger für Stunde und Minute, Zähler für den Schleppzeiger-Chronographen, zweite Zeitzone, Monat und Wochentag, Dekadenanzeige für das Jahr, Gangreserve, Mondphase, Thermometer sowie einstellbares Läutwerk. Das Zifferblatt für die Sternzeit verfügt über Stunden-, Minuten- und Sekundenanzeige, Zeitgleichung, Sonnenauf- und Sonnenuntergang sowie den Sternenhimmel über Genf. Eine Besonderheit stellt das schwer zu realisierende Datum mit Angabe des Osterfestes dar. Für die Minutenrepetition spielt das „Orchestre de la Suisse Romande" eine besondere Melodie ein.

Das 150jährige Bestehen zelebriert Patek Philippe durch eine Springende Stunde in einer limitierten Auflage von 500 Exemplaren und das runde Modell Officer (2200 Exemplare). 1989 bringt Patek Philippe die Modelle 3974 und 3979 heraus, die 1991 uneingeschränkte Stars der Baseler Messe sind. Die 3974 ist eine Automatic mit ewigem Kalender und Minutenrepetition; die 3979 ist eine Automatic mit Minutenrepetition. 1992 werden in Basel weitere Meisterwerke präsentiert: eine Minutenrepetition mit Tourbillon und eine Minutenrepetition in tonnenförmigem Gehäuse, ausgestattet mit ewigem Kalender mit retrograder Datumsanzeige.

PATEK PHILIPPE
GENEVE
MER
MAR
SWISS

Ein kostbarer Skelettchronograph, Ausdruck höchster Genfer Uhrmacherkunst. Die ersten Uhren mit dem Namen Piaget wurden vermutlich Anfang des 19. Jahrhunderts angefertigt. Erst Georges E. Piaget, der im März 1855 in La Côte-aux-Fées geboren wird, gründet die Uhrenmanufaktur, die später einmal, dank der Initiative seiner Neffen Gerald und Valentin, zu einem großen Unternehmen werden wird.

Piaget

Fantasie und Technik

Vom Atelier in einem Bauernhof zu der Manufaktur von Weltruhm. Sachliche Mechanik und glanzvolles Design. Richtige Investitionen sichern den Werdegang des Unternehmens.

Piaget wird über Generationen hinweg von Menschen geleitet, die sich nicht immer zum Uhrmacherhandwerk berufen fühlen. Georges Piaget beispielsweise, der die Firma 1874 gründet, wird im März des Jahres 1855 in eine Bauernfamilie geboren. Sein Kindheitstraum ist es, später einmal Entdecker zu werden und sich im fernen Amerika niederzulassen. Sein brillanter Geist führt ihn jedoch im Laufe der Zeit dazu, sich mit der Uhrmacherei zu beschäftigen. Seine erste Werkstatt richtet er auf dem väterlichen Bauernhof in La Côte-aux-Fées ein. Georges Piaget fertigt, wie auch viele andere Uhrmacher, Einzelteile an und fügt sie mit anderen Teilen zu fertigen Uhren zusammen. Aus dieser Arbeit entsteht der Wunsch, alle Komponenten im eigenen Betrieb selbst herzustellen. Er ist von dieser Idee so fasziniert, daß er sein bäuerliches Dasein aufgibt und sich daranmacht, seinen Traum zu verwirklichen.

Das Zifferblatt seiner ersten Uhr trägt den Schriftzug „Piaget & Co", wobei der Zusatz für seine Söhne steht. Er hat sieben Söhne, aber nur Timothée ist wirklich für die Uhrmacherei talentiert. Er ist es auch, der im Jahre 1911, nach einer Laufbahn als Gärtner und Mechaniker, die Verantwortung für den Betrieb übernimmt, nachdem der Vater aufgrund seiner Zuckerkrankheit erblindet. Timothée wandelt daraufhin die Firma in eine Offene Handelsgesellschaft um, an der er Vater und Brüder beteiligt.

In den sechziger Jahren erregten die Stein-Zifferblätter der Piaget-Uhren großes Aufsehen. Unten im Bild ein Modell mit Zifferblatt aus Tigerauge.

Die „Georges Piaget" aus dem Jahr 1992 wird in einer limitierten und numerierten Auflage von 500 Exemplaren herausgegeben. Unten im Bild ein klassischer Chronograph. Die rechte Seite zeigt zwei Tanagra, einmal die „Complication à Memoires" mit ewigem Kalender und einmal den Chronographen mit ewigem Kalender und Schleppzeigerfunktion.

Die Arbeit nimmt zu, und bald reicht die Werkstatt nicht mehr aus, so daß man das „Café Français" erwirbt und die Manufaktur aus den Räumlichkeiten der Freien Evangelischen Kirchengemeinde, die sich im Erdgeschoß ihres Bauernhofes befinden, dorthin umsiedelt. Wie auch sein Vater, bringt es Timothée zu einer stattlichen Nachkommenschaft. Von zehn Kindern sind jedoch nur zwei, Gerald und Valentin, für den eigentlichen Erfolg der Manufaktur verantwortlich, deren Leitung sie als Präsident bzw. Vizepräsident übernehmen.

Im Jahr 1945 – der kleine Familienbetrieb ist mittlerweile zu einer bedeutenden Uhrenmanufaktur aufgestiegen – beschließt Gerald E. Piaget den Bau eines Firmengebäudes, da er mit dem Gedanken spielt, in Genf ansässige Hersteller von Gehäusen, Armbändern und Zifferblättern in sein Unternehmen zu übernehmen. Die so erreichte Eigenständigkeit verkürzt die Fertigungszeiten und läßt somit mehr Spielraum für die Produktion von Juwelenuhren der gehobenen Preisklasse. Von beiden Brüdern ist Valentin eher technisch orientiert und spezialisiert sich auf ultraflache Werke; der später aufkommenden Quarzelektronik ist er ebenfalls nicht abgeneigt. Kurz nach Ende des Krieges widmen sich Gerald und Valentin mit ihrer aktuellen Kollektion neuen für sie unbekannten Märkten und ernten in der ganzen Welt uneingeschränkt Anerkennung. Man konzentriert sich auf die Anfertigung von Damenuhren, produziert im gleichen Zuge aber immer anspruchsvoller werdende Herrenmodelle. Neben der Technik spielt bei Piaget die Ästhetik eine überaus wichtige Rolle, was sich nicht nur in ihren Schmuckuhren widerspiegelt, sondern sich später auch in einer reinen Juwelenkollektion zeigt.

Auf technischem Gebiet ist das 9linige ultraflache Werk 9P eine wahre Revolution. Das Gehäuse, in das dieses Werk eingesetzt wird, ist zwar klein, ermöglicht aber dennoch das bequeme Ablesen der Uhrzeit.

1960 folgt ein noch revolutionäreres Automatikwerk: das Kaliber 12P mit einer Gesamthöhe von 2,3 mm.

PIAGET
PIAGET
MEMORIZED
COMPLICATION
SWISS

Oben eine Automatic mit ewigem Kalender und Mondphase. Piaget war eine der ersten Firmen, die für alle Modelle Saphirglas verwendete. Unten im Bild eine „Nouvelle Protocole Ronde“ mit feinstbearbeitetem Zifferblatt. Die rechte Seite zeigt zwei der sechs Modelle aus der Klassikkollektion von 1990. Die Goldgehäuse mit Wellenschliff weisen abgerundete Ecken auf; die Zifferblätter sind ebenfalls in Stein erhältlich, die mechanischen Werke extraflach.

Erfolg in Deutschland

Die Eröffnung eines Juweliergeschäftes in Genf im Jahre 1959 vermag den Verkaufserfolg noch weiter zu steigern, und 1961 gründet man die erste Auslandsfiliale, die deutsche Piaget GmbH mit Sitz in Offenbach. In der Wirtschaftswunderzeit lernen die Deutschen die Eleganz der Piaget-Modelle zu schätzen. 1985 kann die Filiale mit 500 Exemplaren einen Umsatz von fünf Millionen Mark verbuchen. Auch die Muttergesellschaft erzielt hervorragende Umsätze. Die Preise für die kostbaren Uhren sind dementsprechend hoch. Bedenkt man, in welcher Qualität und Quantität Zifferblätter, Lünetten und Armbänder mit Edelsteinen besetzt sein können, so existieren praktisch keine Preisgrenzen. Bei Piaget verarbeitet man jährlich mehrere Tonnen 18k Gold nicht nur für Gehäuse und Armbänder, sondern auch für Zifferblätter, Kronen und Zeiger. Die Summen für den Kauf Tausender von Edelsteinen erreichen schwindelerregende Dimensionen.

Form und Design nehmen einen immer größeren Stellenwert ein. Man sucht nach optimalen Proportionen, läßt Armbänder mit den Gehäusen verschmelzen und es entstehen noch nie dagewesene Detaillösungen. Das Erfolgsrezept des Unternehmens liegt in der Fähigkeit, alle noch so anspruchsvollen Wünsche der Kunden erfüllen zu können und in der Firmenphilosophie, jedes Modell in limitierter Auflage oder als Einzelstück anzufertigen.

Das Unternehmen Piaget bleibt in seiner Geschichte immer in Familienbesitz. Yves und Olivier, Söhne von Gerald, sowie Philippe, Christian und Gabriel, Söhne von Valentin, die sowohl auf technischem als auch kaufmännischem Gebiet über spezielle Kenntnisse verfügen, treten als Abteilungsleiter in die Firma ein. 1964 erhält das Unternehmen Baume & Mercier von Piaget finanzielle Unterstützung und somit kann das traditionsreiche Haus vor dem Verkauf bewahrt werden. Gemeinsam ist man nun in der Lage, die breitgefächerte Nachfrage abzudecken.

Ende der sechziger Jahre tritt Piaget der CEH (Centre Electronique Horloger) in Neuchâtel bei, die sich mit der Entwicklung von elektronischen Werken befaßt, und 1976 gelingt es der Manufaktur, ein sehr flaches Quarzwerk, das Kaliber 7P, mit Realzeitspeicher zu produzieren, das es möglich macht, auch ohne Batterie die Zeit abzulesen und schnell von einer Zeitzone in die andere zu wechseln. Fünf Jahre später kommt das Quarzkaliber 8P mit elektronischer Zeiteinstellung und elektronischem Zeitzonenwechsel auf den Markt. Trotz Elektronik vergißt man nicht die traditionellen mechanischen Werke. So entsteht 1982 das Kaliber 20P mit manuellem Aufzug und einer Gesamthöhe von 1,2 mm, gefolgt 1983 von dem Kaliber 25P, einem Automatikwerk von nur 2 mm Höhe. 1986 schließlich produziert man ein Werk mit ewigem Datum, das in der Kollektion Polo eingesetzt wird. Die Linie Dancer wird ein Bestseller, und die klassische Kollektion Protocole stößt ebenfalls auf sehr große Resonanz.

PIAGET
PIAGET
SWISS

Piaget hat vor allem wegen seiner kostbaren Juwelenuhren und des innovativen Uhrendesigns Weltruhm erlangt. In der Genfer Manufaktur werden jährlich mehrere Tonnen Gold und Tausende von Edelsteinen verarbeitet. Das Atelier ist in der Lage, auf jeden Wunsch der Kunden einzugehen. Viele der Uhren sind deshalb Einzelstücke. Hier im Bild die Galaxy in modelliertem Gold, besetzt mit 300 Diamanten von insgesamt 42 Karat.

Faszination in Diamant

Der Ruf der Marke Piaget gründet sich vornehmlich auf die fantastischen Juwelenuhren, die fast immer als Einzelstücke angefertigt werden, wie beispielsweise die Aura, deren Diamanten in der Version für Damen ein Gewicht von 32 Karat und in der Version für Herren von 63 Karat besitzen. 176 bzw. 273 reinste Diamanten in Smaragdschliff werden verwendet. Das Armband weist eine miniaturisierte Schließe auf, die ein Meisterwerk höchster Goldschmiedekunst ist. Von ebenso großer Faszination sind die Galaxy, für die ein flaches mechanisches Werk zum Einsatz kommt und die mit 316 Diamanten von insgesamt 42 Karat besetzt ist, und die Ermitage, eine begeisternde Skelettuhr, für die man als Grundmaterial Bergkristall auswählt, das mit 300 Diamanten und 152 Rubinen dekoriert ist.

Besonders erwähnenswert sind natürlich die Zifferblätter aus Mineralgestein wie Onyx, Lapislazuli oder Malachit.

1988 tritt Piaget der Gruppe Cartier Monde bei, behält aber Yves Piaget als Präsidenten. In den darauffolgenden Jahren nimmt das Design einiger Kollektionen sehr moderne Züge an, die sie von jeglichen Stilrichtungen abheben. Die Tanagra ist dafür ein sehr gutes Beispiel, während die Gouverneur eher dem klassischen Stil entspricht.

Im Jahr 1992 organisiert Piaget in Mailand eine Retrospektive mit über 200 Exponaten.

Ausgestellt werden wunderschöne Soirée-Uhren. Unter ihnen befinden sich eine Taschenuhr in einem Doublé-Gehäuse, besetzt mit 1094 Brillanten, und eine Uhr mit gewölbtem dreieckigem Gehäuse aus poliertem Gold, deren Boden mit Blumenmotiven aus Cloisonné-Email dekoriert ist. Eine andere Uhr, die für einen Jazzpianisten angefertigt wurde, verfügt über ein Armband in Gelbgold mit miniaturisierten Klaviertasten aus Onyx und Perlmutt. Ebenfalls eine Besonderheit stellt eine Uhr in Form eines Buches dar, die von Piaget auf Wunsch des Krimiautors Frédéric Dard in einer Auflage von 20 Exemplaren angefertigt wird. Alle Modelle sind Einzelstücke und sind als Geschenk für Freunde gedacht.

Auf der Ausstellung ist auch eine Spieluhr aus dem Jahr 1957 zu sehen. Der Druck auf einen Knopf läßt eine Schlange aus einem Gebüsch hervortreten und die Uhrzeit anzeigen. Ein Vogel fliegt auf der Minutenskala, während andere die Sekunde angeben. Der „Schlangenbeschwörer" ist mit kostbaren Emailverzierungen dekoriert; auf dem Gehäuseboden ist eine Löwenjagd abgebildet. Dieses Meisterwerk wurde von dem Genfer Uhrmachermeister Louis Cottier und dem ebenfalls aus Genf stammenden Emailiermeister Carlo Poluzzi geschaffen.

Aura – die kostbarste Uhr von Piaget. Das Damenmodell besitzt 176 Diamanten von insgesamt 32 Karat, das Herrenmodell 273 Diamanten von 63 Karat. Beide sind aus modelliertem Massivgold gefertigt. Die Erfahrung der Goldschmiedemeister der Manufaktur, die diese Kunst von Generation zu Generation weitergeben, garantiert für die Qualität der Edelsteine. Viele dieser Uhren sind Einzelstücke, die von Piaget für sehr wohlhabende Kunden angefertigt werden.

TIMED 6 POSITIONS
HAIRSPRING
ROLEX
ROLEX
EXTRA PRIMA
SWISS MADE

Rolex

Eine Marke von Weltruhm

Grenzenloser Erfolg seit der ersten wasserdichten Uhr von 1926. Hans Wilsdorf erfindet Oyster und 360°-Rotor. Paul Newman und die Daytona.

Der Gründer der Firma Rolex, Hans Wilsdorf, wird im Jahr 1881 in Kulmbach in Franken geboren. Als kleiner Junge verliert er aber bald die Eltern und wird mit den beiden Brüdern von einem Onkel aufgenommen, der sich um ihre Erziehung kümmert. Nach Beendigung seiner Schullaufbahn beschließt der junge Wilsdorf nach La Chaux-de-Fonds zu gehen, wo er mit seinen guten Englischkenntnissen sofort Arbeit in einem Im- und Export-Unternehmen findet, das unter anderem auch mit Uhren handelt. Er entwickelt eine Vorliebe für Uhren, und es gelingt ihm eine Meisterleistung: Er bestellt bei namhaften Maîtres Horlogers drei Taschenuhren, für die er von dem Observatorium in Neuchâtel jeweils ein Ganggenauigkeitszeugnis erhält. Der Firmeninhaber ist begeistert und vertraut ihm immer verantwortungsvollere Aufgaben an. Nach drei Jahren fühlt er sich stark genug, in die Selbständigkeit zu treten, verläßt La Chaux-de-Fonds und geht nach London, um dort hochwertige Schweizer Uhren zu importieren und zu verkaufen. Zwei Jahre später gelangt er zu der festen Überzeugung, daß die zu dem Zeitpunkt aufkommenden Armbanduhren den Hauptanteil der Uhrenproduktion ausmachen werden, zeigt sich aber auch gegenüber anderen Neuheiten wie der Reiseuhr im Lederetui nicht abgeneigt. 1905 entsteht die Firma „Wilsdorf & Davis", die sich um den Vertrieb von Schweizer Uhren kümmert. Er setzt auf Qualität und ist ein Präzisionsfanatiker. In Biel versorgt er sich bei Aegler mit Werken, und aus dieser Zusammenarbeit entwickeln sich viele neue Ideen, wie z.B. ein dehnbares Metallarmband.

Die Gehäuse allerdings bezieht er von bekannten englischen Herstellern. Die Verwendung eines Markennamens ist nicht üblich, und die Uhren werden unter den Namen der Händler verkauft, die sie anbieten. Wilsdorf ist jedoch von der Notwendigkeit eines Markennamens überzeugt, der prägnant und überall in der Welt auszusprechen sein muß. Er entscheidet sich für Rolex, möglicherweise ein Anagramm aus einzelnen Buchstaben des Ausdrucks „horlogerie exquise". Er ist leicht zu merken, auszusprechen und läßt auf dem Zifferblatt ausreichend Raum für den Namen des Verkäufers.

Im Juli 1908 wird der Markenname in La Chaux-de-Fonds registriert. 1910 erhält eine Rolex in Biel

Unten im Bild eine der allerersten Oyster. Das Bild links gibt einen Einblick in ihr Innenleben. In 9k Gold lag ihr Preis bei 10 Guineas, in 18k Gold bei 15 Guineas.

die erste offizielle Auszeichnung, und 1914 wird einer Rolex mit 11linigem und 25 mm messendem Werk nach 45tägiger Überprüfung im Observatorium von Kew das Zertifikat der A-Klasse verliehen. Dies ist die Antwort des sturen Deutschen auf ein Publikum, das an die Zukunft der Armbanduhr nicht glauben will. Man ist immer noch der Meinung, eine Uhr für das Handgelenk sei zu klein, zerbrechlich und empfindlich gegen Staub und Feuchtigkeit.

Das dichte Gehäuse

Aus dieser Zeit stammt wahrscheinlich sein Wunsch, trotz der ablehnenden Haltung seiner eigenen Mitarbeiter, eine Uhr in dichtem Gehäuse zu entwickeln. Präzision bleibt jedoch als Maxime bestehen, und Rolex-Uhren

Die Rolex Oyster Perpetual oben im Bild stammt aus den vierziger Jahren; die Stundenindikationen sind als Sterne ausgeführt. Unten rechts ein Chronograph aus den Dreißigern mit in die Krone integriertem Drücker. Auf dem großen Bild ist eine Oyster Perpetual mit 360°-Rotor zu sehen. Der Aufzug erfolgt nur in eine Drehrichtung.

ROLEX
OYSTER PERPETUAL

Im Jahr 1929 debütiert die Linie Prince, und wenige Jahre später erhalten 500 Exemplare dieses Modells das offizielle Chronometer-Zertifikat. Der Schauspieler Humphrey Bogart macht sie in dem Film „Casablanca" weltberühmt. Auf dem großen Bild ist ihr wunderbares rechteckiges Werk und ihr Gehäuse zu sehen. Unten ein seltener Chronograph mit quadratischem Gehäuse im Stil der vierziger Jahre.

werden in regelmäßigen Abständen mit dem Ganggenauigkeitszeugnis belohnt. 1925 erhalten das Ovalwerk einer Damenuhr mit den Abmessungen 13×23 mm und 1927 ein Rechteckwerk mit 24×15 mm das Zertifikat der A-Klasse. 1928 werden 288 Exemplare mit $10\frac{1}{2}$linigem und 144 mit $8\frac{3}{4}$linigem Werk mit Zertifikat ausgezeichnet. 1936 bekommen 500 Exemplare des Modells Prince, das bereits 1929 vorgestellt wurde, die Auszeichnung „exzellent". Im Jahr 1945 sind es stattliche 50 000 Chronometer, die im Laufe der Jahre mit dem offiziellen Chronometer-Zertifikat versehen wurden. Aus den Archiven der staatlich anerkannten Prüfstellen ist zu entnehmen, daß zwischen 1927 und 1940 von den 21 561 geprüften und genehmigten Armbanduhren 19 155 Modelle den Namen Rolex tragen.

1915 setzt England eine sehr hohe Importsteuer für Uhren fest, die Wilsdorf besonders schwer trifft, da er nicht nur die Uhren importiert, die er in der Schweiz fertigen läßt, sondern auch in die ganze Welt verkauft. Bald darauf wechselt die Firma nach Biel, wo sich noch der alte Firmensitz befindet, und später nach Genf, wo 1919 die „Montres Rolex SA" gegründet wird.

Die Produktion erfolgt bei der „Manufacture des Montres Rolex Aegler SA" in Biel, während Verwaltung und Entwicklung in Genf verbleiben. Man arbeitet weiterhin an der Realisierung eines dichten Gehäuses, und im September 1926 läßt man das wasserdichte Oyster-Gehäuse patentieren. Einen Monat später wird auch die Abdichtung der Krone patentiert, deren Dichtigkeit mittels einer schraubbaren Vorrichtung erreicht wird. Heute hat sich zum Twinlock-System mit zweifacher Abdichtung das Triplock-System gesellt, das es ermöglicht, Taucheruhren für große Tiefen zu konzipieren. Die Erprobung der ersten wasserdichten Uhr erfolgt ein Jahr später im Jahr 1927, als Mercedes Gleitze den Ärmelkanal mit einer Rolex am Handgelenk durch-

ROLEX
TIMED 6 POSITIONS
17 RUBIES
ULTRA PRIMA
ROLEX
SWISS MADE
ROLEX
25 RECORDS UNIVERSELS
GENEVE SUISSE
18K

Dieser für Serpico Y Laino angefertigte antimagnetische Chronograph besitzt eine 30-Pulsations-Skala. Seit Ende der zwanziger Jahre verwendet Rolex nichteisenhaltige Legierungen und widmet sich ganz besonders der Entwicklung der Unruh. Das Bild rechts zeigt das „Objekt der Begierde", den Oyster Cosmograph Daytona.

schwimmt. Sie verbringt 15 ¼ Stunden im Wasser, und als sie das Ziel erreicht, funktioniert die Uhr immer noch perfekt.

Wilsdorf, der von jeher auf die Macht der Werbung vertraut, investiert beträchtliche Summen, und Rolex ist schließlich auf der ganzen Welt ein Begriff.

Vom kissenförmigen wechselt man zum tonnenförmigen Gehäuse, bis schließlich der unverwechselbare Rolex-Look entsteht, der viele Nachahmer findet.

In den vierziger Jahren verwendet die italienische Marine die „Luminor Panerai" mit Rolex-Werk. 1953 entsteht die Submariner, wasserdicht bis 100 m, gefolgt von der Submariner Oyster Perpetual Date, wasserdicht bis 300 m. 1971 präsentiert man die bis 610 m wasserdichte Sea Dweller, die mit einem für Rolex patentierten Heliumventil ausgerüstet ist, das eine Dekompression des Gehäuses beim Auftauchen verhindert. 1980 kehrt die Sea Dweller als Modell 4000 zurück, die bis 1200 m garantiert wasserdicht ist. Die spektakulärste Erprobung einer Rolex findet im Jahr 1960 statt, als eine am Batyscaph von Jacques Picard befestigte Rolex Oyster eine Tiefe von 10 916 m erreicht und einem Flächendruck von einer Tonne je Quadratzentimeter standhält.

Das ist der letzte Erfolg, den Wilsdorf erleben kann; er stirbt im Juli 1960. Die Geschichte von Rolex weist aber noch weitere wichtige Etappen auf, wie z.B. der 1931 von Wilsdorf persönlich erfundene patentierte 360°-Zentralrotor, Perpetual genannt, der sich unbegrenzt um seine Achse dreht. Ende der Dreißiger erscheinen die ersten Oyster-Chronographen und 1945 die Datejust, ein wasserdichter Automatikchronometer mit Datumsanzeige. 1954 stellt Rolex die Oyster Perpetual für Damen und die GMT Master mit doppelter Zeitzone vor. 1956 folgt die Day-Date mit Datum und Wochentag in 26 Sprachen. Das Unternehmen erlebt allerdings nicht nur rosige Zeiten. 1935 wird das englische Pfund abgewertet, und Rolex erleidet durch seinen Exportverkauf in Pfund Sterling einen schweren Schlag. Um den Verlust zu mindern, eröffnet man Zweigstellen in Paris und Buenos Aires; in Mailand richtet Rolex einen technischen Kundendienst ein.

Das Phänomen Daytona

Merkwürdigerweise kann sich Rolex nicht auf dem italienischen Markt durchsetzen und Longhi, der Repräsentant der Marke, den Wilsdorf in einem Genfer Restaurant kennengelernt und in das Unternehmen geholt hatte, ist nach einer Geschäfts-

60
UNITS PER HOUR
ROLEX
OYSTER
COSMOGRAPH
DAYTONA
SWISS

In den dreißiger Jahren setzt die italienische Marine die Taucheruhr Luminor Panerai auf ihren Kriegsschiffen ein. Das Werk hat 17 Steine und eine monometallische Unruh. Unten im Profil die Oyster mit speziellem Glas für tiefe Tauchgänge. Das Bild rechts zeigt die bis 300 m Tiefe wasserdichte Submariner.

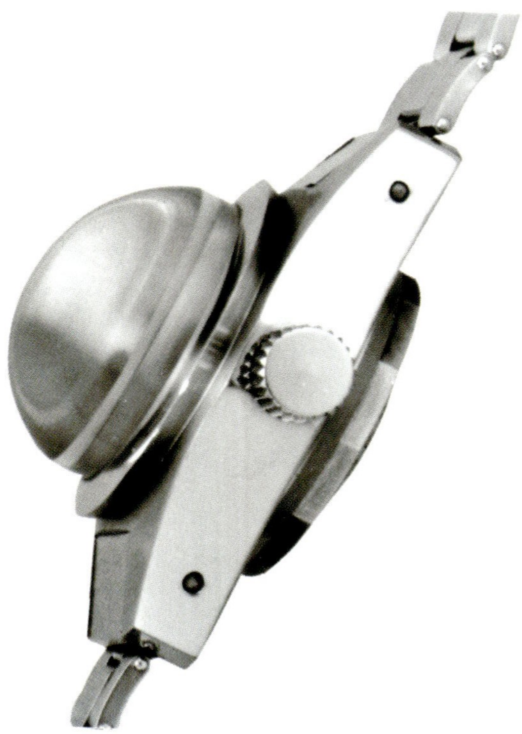

reise durch das Land so desillusioniert, daß er seine Stellung aufkündigen will. Wilsdorf kann ihn jedoch zum Bleiben überreden. Zu diesem Zeitpunkt macht sich noch niemand eine Vorstellung davon, welche Begeisterungswelle die Daytona auslösen wird.

Dieser Chronograph hat eine außergewöhnliche Geschichte. Als 1961 die Oyster Chronograph vorgestellt wird, tragen manche Exemplare den Zusatz Daytona. Der Schauspieler Paul Newman trägt während eines Autorennens eine Daytona mit direkt ablesbarem Zifferblatt, und das rennbegeisterte Publikum beginnt seinen Namen mit dem Hause Rolex in Verbindung zu bringen, obwohl dieser keinerlei Kontakte zum Uhrenhersteller pflegt. Der erste Chronograph mit Chronometerfunktion in Stahl oder 18karätigem Gold stammt aus dem Jahre 1976. In Basel stellt Rolex 1988 die neue Oyster Perpetual Chronograph Chronometer Daytona vor. 1990 erreicht die Chronographen-Produktion die 10-Millionen-Grenze. Im Jahr 1991 bereichert man die Linie Submariner mit dem Modell Yachtmaster, und erstmals wird die Daytona statt mit einem Stahl- mit einem Lederarmband ausgestattet. Nach dem Tod seiner Frau im Jahr 1944 gründet der kinderlos gebliebene Wilsdorf eine Stiftung mit seinem Namen und überträgt ihr die Aktien des Unternehmens. Zehn Jahre später richtet er einen Renten- und Sozialfonds ein.

Noch heute werden die Gewinne der breitgefächerten Rolex-Produktion Forschung und humanitären Zwecken zugeleitet. 1976 ruft André J. Heiniger, der nach Wilsdorfs Tod die Firmenleitung übernommen hat, den „Rolex Award for Enterprise“ ins Leben, einen Preis, der sich an humanitärem Engagement gleich auf welchem Gebiet orientiert. Die Geschichte von Rolex wäre allerdings ohne die Kollektion Cellini nicht komplett. Diese Kollektion eleganter Uhren wird Anfang der siebziger Jahre mit einer großen Modellvielfalt mit mechanischen und elektronischen Werken initiiert. Erwähnenswert sind natürlich auch die Schmuckuhren, deren jüngste Vertreterin die Day Date Platine, die mit Gehäuse und Armband in Platin sowie mit 24 Diamanten besetzter Lünette erhältlich ist. Ihr roségoldenes Zifferblatt wird geschmückt von dem Firmenlogo, einer Brillanten-Krone.

ROLEX
OYSTER PERPETUAL DATE
15
SUBMARINER
1000ft=300m
SUPERLATIVE CHRONOMETER
OFFICIALLY CERTIFIED
SWISS – T < 25
10
20
30
40
50

1891 — 1904
ОТЪ ОБЩ. ОФИЦЕРОВЪ Л.ГВ. ВОЛЫНСКАГО П.
L. K. LILPOP

Tissot

Die Kraft der Innovation

Gründung im Jahre 1853. Aus dem Jura erobert man die Welt. Präsenz in Amerika. Die Zaren-Uhr. 1930 mit der S.S.I.H. in eine neue Zukunft. Die Innovation kennt keine Grenzen.

Zu den Familien, die sich in Le Locle mit der Uhrenmanufaktur beschäftigen, zählt auch die Familie Tissot, die seit Mitte des vorigen Jahrhunderts auch in Übersee einen guten Ruf genießt. Charles-Felicien und sein Sohn Charles-Emille gründen die Manufaktur im Jahr 1853. Der Sohn unternimmt viele Reisen und entdeckt Rußland als hervorragenden Exportmarkt. Er bereist das Land an die fünfzig Mal und hat jedes Mal verschiedene Uhrenmodelle im Gepäck, unter denen sich wunderschöne Gold-Taschenuhren mit kyrillischen Inschriften befinden. Ein Beispiel dafür ist die berühmte „Zaren-Uhr", die 1904 einem verdienten Offizier des Zaren überreicht wurde und heute im Tissot-Museum in Le Locle aufbewahrt wird. In limitierter Auflage wird von Tissot eine originalgetreue Kopie dieses Modells realisiert.

Die Manufaktur Tissot beobachtet nicht nur den europäischen Markt mit großer Aufmerksamkeit, sondern richtet ihren Blick auch gen Amerika, wo Charles-Emille sich mehrmals über einen längeren Zeitraum hinweg aufhält. 1893 wird er als Mitglied in die Jury der Weltausstellung in Chicago berufen. Um die Jahrhundertwende erhalten Tissot-Uhren bereits auf großen internationalen Ausstellungen zahlreiche Preise und Auszeichnungen. Die Uhren finden große Resonanz, und die alten Räumlichkeiten reichen nicht mehr aus, die Nachfrage zu bewältigen. Kurz vor Ausbruch des

Unten im Bild eine Weltzeituhr aus den fünfziger Jahren mit Goldgehäuse. Die Seite links zeigt die Zaren-Uhr mit kyrillischen Inschriften und guillochiertem Zifferblatt.

ersten Weltkriegs errichtet man eine zweite Produktionsstätte, während die Führung des Unternehmens Charles-Emilles Sohn Charles übertragen wird. Zu dieser Zeit erscheinen die ersten Armbanduhren, und die Tissots glauben fest an das Potential dieser neuen Uhrenform.

1917 setzt die Oktoberrevolution den Exportgeschäften mit Rußland ein jähes Ende, worauf Tissot in den zwanziger Jahren für Europa und Amerika eine neue Verkaufsstrategie entwickelt.

Fusion mit Omega

In der zweiten Hälfte der zwanziger Jahre gelangt Paul Tissot, der auch Geschäftsführer von Omega ist, an die Spitze des Familienunternehmens. 1930 schließen sich Tissot und Omega zusammen und rufen die S.S.I.H. (Société Suisse pour l'Industrie Horologère S.A.) ins Leben. Der Grundstein für den später weltgrößten Uhrenkonzern SMH ist gelegt.

Die Beweggründe für diesen Pakt sind vorwiegend kommerzieller Natur, da sich auf diese Weise im In- und Ausland die Marktposition besser ausbauen läßt. Die Agenten verfügen über eine breiter gefächerte Angebotspalette und können nun besser auf die Bedürfnisse ihrer anspruchsvollen Kundschaft eingehen. Diese moderne Organisationsform, die praktisch der Vorläufer von Tissots späterer aggressiver Marketingstrategie ist, stützt sich jedoch weiterhin auf die konsequente Entwicklung neuer Technologien.

In den dreißiger Jahren erscheint die erste antimagnetische Tissot und 1944 ein Modell mit automatischem Aufzug.

Nach dem zweiten Weltkrieg präsentiert Tissot im Jahr 1950 die Navigator, eine Automatikuhr, die wahlweise in der Version GMT mit zweiter Zeitzone oder als Weltzeituhr erhältlich ist. Die zusätzliche Zeitzone ist bei der GMT auf der Lünette eingraviert, während auf dem Zifferblatt der Weltzeituhr 24 Städte strahlenförmig angeordnet sind und ein innen verlaufender Ring die 24-Stunden-Indikation zeigt. Die GMT trägt den Namen „Navigator" auf dem Zifferblatt, die Weltzeituhr dagegen auf der Lünette. Das Modell wird in Stahl, Stahl/Gold oder Gold angeboten.

1956 debütiert eine absolut wasserdichte Uhr, die T.12. Sowohl die T.12 als auch die Navigator halten einem Druck von 12 Atmosphären stand. 1958 tritt Tissot mit einer revolutionären Entwicklung auf den Markt: dem Einzelkaliber. Klassische Modelle in Gold und Gold mit Brillantenbesatz nehmen jedoch auch weiterhin einen wichtigen Platz im Sortiment des Unternehmens ein.

In den Sechzigern stellt Tissot die ersten Prototypen mit Plastikgehäuse her, verwirft allerdings das Projekt aufgrund der zu hohen Herstellungskosten. Sie können mit Recht als Vorfahren der Swatch angesehen werden. Das Unternehmen intensiviert seine Forschung im Bereich der Quarzuhren. 1978 stellt Tissot zum

Die Kollektion Times Square aus den neunziger Jahren beinhaltet zahlreiche runde Modelle, auch Chronographen mit elektronischem oder mechanischem Werk. Auf der linken Seite oben die berühmte Tissot Sottsass, von dem gleichnamigen Architekten entworfen. Unten die Tissot Research Idea 2001 aus den Sechzigern, Vorläufer der berühmten Swatch-Uhren mit Plastikgehäuse und durchsichtigem Zifferblatt.

Das Bild zeigt zwei rechteckige Modelle aus einer Kollektion vergangener Tage. Auf dem Zifferblatt des Goldmodells ist das Warenzeichen „Tissot & Fils Le Locle" zu lesen. Heute befindet sich der Firmensitz jedoch in Biel. Das kleinere Modell besitzt ein feinbearbeitetes Gehäuse, kleine Sekunde und arabische Ziffern.

125jährigen Firmenbestehen einen Multifunktions-Chronometer mit elektronischem Werk vor.

In den achtziger Jahren wird Ernst Thomke, der auch Vizepräsident der SMH ist, zum Präsidenten von Tissot ernannt. Sein Name wird im Zusammenhang mit dem Bestseller Swatch in der ganzen Welt zum Begriff. Mitte der Achtziger kreiert er die Rock Watch. Es handelt sich dabei um ein Modell aus Schweizer Granit oder exotischem Gestein wie Jaspis aus der Kalahari. Das Quarzwerk stammt von ETA. Mit dem Slogan „Von der Natur geschaffen, von Tissot modelliert" werden sie auf den Markt gebracht.

1985 debütiert das Modell Seastar mit rundem oder rechteckigem Gehäuse. Die unglaublich flachen Rechteckversionen sind ausgestattet mit Quarz-Chronograph und Hundertstelsekunde, zweiter Zeitzone und Datum. 1987 erscheint der Twotimer im traditionellem Werkstoff Metall. Sensationell ist die Kombination von Werk und Gehäuse in einem Element, auch Platine genannt. Die Uhr wird komplett mit Hilfe der Computertechnik entworfen und weist eine stark reduzierte Anzahl von Einzelkomponenten auf, was sich natürlich in sehr niedrigen Produktionskosten niederschlägt.

Sie verfügt über folgende Funktionen: Tag und Datum, zweite Zeitzone, Countdown-Zähler, Stoppuhr und Wecker; die Anzeige erfolgt analog und digital. Die Linie präsentiert sich in drei Klassik-, drei Fantasie- sowie drei transparenten Modellen.

Tissot und Design

1988 wendet sich Tissot an den berühmten Designer Ettore Sottsass, und es ensteht die Tissot „Sottsass". Die orientalische Kultur dient dem italienischen Architekten österreichischer Abstammung als Inspiration für den Entwurf.

Für ihn ist diese Uhr mit ihrer dem Yanthra folgenden runden und kreisförmigen Linienführung wie ein Ort der Meditation, ein Ort, an dem die Zeit stillsteht und das ganze Leben Vollendung findet. Diese Uhr wird zu einem architektonischen Gebilde, das man sich als Platz, Stadion oder Projektion einer Pyramide vorstellen kann.

Es folgen in der Tradition der Rock Watch die Wood Watch in Bruyère-Holz und die Pearl Watch in Perlmutt. In dieser Zeit beginnt man auch eine Zusammenarbeit mit Martini Racing.

Im September 1992 präsentiert das auf dem Gebiet von Forschung und Innovation traditionsreiche Haus die neue Kollektion Cera-en. Die Gehäuse sind aus Hochleistungskeramik, und die Batterie erlaubt einen störungsfreien Betrieb von 10 Jahren. Es werden sportliche und klassische Modelle angeboten; alle Varianten sind mit einem Lederarmband ausestattet.

Die PRX gehört wie die Modelle PR 50 und PR 100 zu einer Linie. Seit den sechziger Jahren bevorzugt Tissot Quarzwerke. Der Chronograph dagegen verfügt über ein automatisch-mechanisches Werk. Auf der rechten Seite ist eine Auswahl der aktuellen PR 50 abgebildet.

1991 realisiert Tissot zur Feier des 700jährigen Bestehens der Confoederatio Helvetica eine Sonderedition der Wood Watch mit 999 Exemplaren, wobei jedes Zifferblatt ein Einzelstück ist. Das Design wird Barbara Seiler anvertraut, die 999 Motive auswählt und sie als Papiervorlagen anfertigt.

In den neunziger Jahren wendet Tissot sich mit der Belle Epoque wieder der klassischen Linie zu; zur Kollektion Times Square gehört ebenfalls ein Chronograph. Mit dem Konzept „Swiss Pack", das Ästhetik, Qualität und Preiswürdigkeit vereint, versucht man eine neue Marketingstrategie zu etablieren.

Zur gleichen Zeit erscheinen die rechteckige Twotimer II und die runde Viatech, die beide als Multifunktions-Uhren konzipiert sind und über analoge Zeitanzeige und Digitalanzeige für Tag und Datum sowie Countdown-Zähler, zweite Zeitzone, Stoppuhr und Wecker verfügen. Eine Neuauflage der Seastar gehört ebenso zur Angebotspalette wie die neuen „Ceraten", die aus High-Tech-Keramik hergestellt und mit einer Batterie ausgestattet sind, die eine Lebensdauer von zehn Jahren besitzt.

TISSOT
PR 50
PR 50
TISSOT
PR 50

Die Uhren von Ulysse Nardin sind wegen ihrer Präzision und der Qualität ihrer Werke sehr begehrt. Auf der Olympiade 1936 in Berlin stoppt ein Chronograph mit Zehntelsekunde den 100-Meter-Siegeslauf von Jesse Owens. Auch der hier gezeigte Chronograph stammt aus dem Jahr 1936. Seine Linienführung orientiert sich jedoch an antiken Designparametern. Das Zifferblatt ist schwarz, und bei der 2-Uhr-Indikation befindet sich der Drücker für die Chronographenfunktion.

Ulysse Nardin

Sonnensysteme am Handgelenk

1846 nimmt das erste Atelier in Le Locle seine Arbeit auf. Über 4300 Auszeichnungen für den Marine-Chronographen. Meisterwerke der Technik. Trilogie der Zeit fürs Handgelenk.

Viele der großen Uhrenmanufakturen aus der Schweiz verdanken ihre Existenz jungen Uhrmachern, von denen man nicht genau weiß, ob sie mehr von ihrem Talent inspiriert oder mehr von ihrem Mut getrieben wurden. Ulysse Nardin ist einer von ihnen. 1846 eröffnet er in Le Locle ein Atelier und realisiert hochwertige Taschenuhren mit Minutenrepetition. Sein Vater Léonard Fréderic ist ebenfalls auf die Uhrmacherei spezialisiert. Der Großvater Jean jedoch, der 1774 zwanzigjährig aus Frankreich auswanderte und sich im Jura niederließ, hatte wenig mit der Uhrenkunst zu tun; er verdiente seinen Lebensunterhalt als Konstrukteur von Kachel- und Brennöfen.

Bereits zu Anfang werden die Uhren der Manufaktur geschätzt und mit Auszeichnungen bedacht. Den ersten Preis erhält Ulysse auf der Weltausstellung in London im Jahr 1862. Im Laufe seiner Produktionszeit werden dem Marine-Chronographen von Observatorien aus der ganzen Welt über 4300 Auszeichnungen verliehen. Die Grundlage für den Erfolg der Marke schafft Ulysses Sohn Paul David, als er die bimetallische Unruh entwickelt und sich auf Marine-Chronographen spezialisiert. 84 Marineeinheiten verwenden seinen Chronographen. Paul David ist ein Menschenfreund und deshalb auch sehr um das Wohlergehen seiner Mitarbeiter bedacht, denen er eine gute Alterssicherung ermöglicht. Im Betrieb führt er die „englische Woche" ein.

Ein Chronograph mit in der Krone integriertem Drücker im Stil der dreißiger Jahre, der speziell Ärzte ansprechen soll. Auf dem weißen Emailzifferblatt ist eine Skala für die Messung der Herzfrequenz zu sehen.

Nach seinem Tod im Jahr 1920 übernehmen seine Söhne Alfred, Gaston und Ernest die Leitung der Manufaktur. 1923 erhält Ernest für seinen Marine-Chronometer vom Observatorium in Neuchâtel das einzige einem Chronometer dieser Art verliehene Zertifikat. Gaston widmet sich dem technischen Bereich, und einer seiner größten Erfolge ist der Chronograph mit Zehntelsekunde „Berlin '36", der 1992 in Basel ein erneutes Debüt feiert. Alfred bemüht sich dagegen um die Gründung der ersten offiziellen Organisationen in der Uhrenindustrie.

1946 treten die Söhne in die Firma ein, und nachdem Alfred sich 1963 aus dem Geschäft zurückzieht, übernimmt sein Sohn Gaston die Präsidentschaft, während seine Cousins Raymond und Claude für die Geschäftsführung verantwortlich sind. 1965 schließt die Manufaktur mit der amerikanischen Benrus Watch einen Vertrag und geht sowohl auf den amerikanischen als auch auf den fernöstlichen Markt. Das Quarzzeitalter nähert sich mit großen Schritten und trifft auf eine vollkommen unvorbereitete Ulysse Nardin.

1983 erwirbt eine Unternehmergruppe unter der Führung von Rolf W. Schnyder die Aktienmehrheit, und Ulysse Nardin wandelt sich vom Familienbetrieb zu einem richtigen Unternehmen.

Der neue Vorstand trägt sich mit großen Plänen. Schnyder, der nach seiner Tätigkeit bei Jaeger-LeCoultre in Hong Kong zu einem Industriemagnaten aufgestiegen ist, wird Präsident von Ulysse Nardin. Seine Absicht ist es, dem Unternehmen wieder zu seiner Spitzenstellung auf dem Markt zu verhelfen. Er lernt Ludwig Oechslin aus Luzern kennen, der auf dem Gebiet der Astronomie eine Koryphäe ist und bereits für den Vatikan eine komplizierte Pendeluhr aus dem 17. Jahrhundert restaurierte. Aus dieser Kooperation erwachsen zwei berühmte Uhren: die Astrolabium und die Planetarium.

Trilogie der Zeit

Die Astrolabium Galileo Galilei debütiert im Jahr 1985 und erscheint sogar auf dem Einband des „Guinness Buch der Rekorde".

Das Bild zeigt die beeindruckende San Marco mit zwei Miniatur-Glöcknern; sie ist eine Stunden-, Viertelstunden- und Minutenrepetition. Diese Komplikation erinnert an die berühmte Turmuhr von Venedig. Auf der linken Seite oben im Bild ein moderner Chronograph mit blauem Zifferblatt und sichtbarem Werk. Unten im Bild aus der Kollektion San Marco eine automatische Uhr mit COSC-Zertifikat. Das Werk schwingt mit 36 000 Halbschwingungen je Stunde. Das kostbare Emailzifferblatt ist handbemalt.

Oben links ein Schleppzeiger-Chronograph im Stil der Zwanziger. Rechts davon ein moderner Chronograph aus der Linie Newton. Unten im Bild die Planetarium Kopernikus mit Zifferblatt aus Meteoritgestein; das große Bild zeigt ihre Standardausführung.

Sie ist so präzise, daß die theoretische Abweichung zur Position der Himmelskörper im Sonnensystem nur 24 Stunden in 144 000 Jahren beträgt. Das automatische Werk ist 9 mm hoch und weist einen Durchmesser von 30 mm auf. Sie zeigt gleichzeitig den Stand von Sonne und Mond an und ermöglicht es so, mit erstaunlicher Genauigkeit deren Auf- und Untergang, die längsten und kürzesten Tage, folglich auch Äquinoktium und Sonnenwende, die Dauer der Jahreszeiten sowie die Mondphasen und -finsternisse zu berechnen. Die fünf Zeiger teilen sich eine gemeinsame Achse und bewegen sich mit unterschiedlicher Geschwindigkeit. Auf dem äußeren Ring des Zifferblatts befinden sich zwölf römische Ziffern für Sommerzeit, 24 arabische Zahlen für Ortszeit und andere astronomische Daten. In der Mitte des Zifferblattes ist eine Projektion der Erde und des Sternenhimmels zu sehen. Die konzentrischen Kreise stellen die Wendekreise des Krebses und des Steinbocks sowie die Linie der Solstizien, den Horizont, die Sonnen- und Mondbahnen sowie den Sonnenuntergang dar. Im Himmelsgewölbe sind die 12 Tierkreiszeichen und der Äquator mit den Monaten abgebildet.

Die Planetarium Kopernikus von 1988 verbindet auf ihrem Zifferblatt das heliozentrische Universum des Kopernikus mit dem geozentrischen Universum des ptolemäischen Weltsystems. Trotz der bescheidenen Abmessungen dieser Uhr lassen sich die scheinbaren und wirklichen astronomischen Positionen unseres Sonnensystems dank des innovativen Werkes, das in Zusammenarbeit mit Bruno Erni, Maître Horologer der ETA in Granges, entstand, korrekt ablesen. Ein einziger Steuerungsmechanismus erlaubt das einfache Ablesen von exakter Planetenposition, Stunde, Tag, Monat, Tierkreiszeichen und Mondphasen. Das automatische Basiswerk mißt in der Höhe nur 3,60 mm, dasjenige für das Sonnensystem 3,25 mm; die Gesamthöhe der Uhr beträgt 8,50 mm. Die Erde ist statisches Zentrum und alle anderen Planeten drehen sich um die Sonne in der Mitte des Zifferblatts. Der äußere Ring, der das Himmelsgewölbe und die Tierkreiszeichen darstellt, dreht sich in 365 Tagen, 5 Stunden, 48 Minuten und 46 Sekunden einmal um die

DECEMBRE
NOVEMBRE
OCTOBRE
SEPTEMBRE
AOUT
JUILLET
JUIN
MAI
AVRIL
MARS
FEVRIER
JANVIER
CAPRICORNUS SAGITTARIUS
LIBRA
VIRGO
LEO
CANCER
GEMINI
TAURUS
ARIES
PISCES
AQUARIUS
SATURNUS
MERCURIUS
MARS
ULYSSE NARDIN

Zu den Komplikationen der Manufaktur aus Le Locle zählt auch dieses Meisterwerk, ein Chronometer mit Tourbillon. Unten im Bild die Tellurium Johannes Keppler, die 1992 in Basel vorgestellt wird, ein Jahr zuvor aber bereits als Taschenuhr erschienen war. Die Tellurium ist der krönende Abschluß der „Trilogie der Zeit".

eigene Achse; es bedarf keiner Korrekturen für die Schaltjahre. Die Planetenringe bestehen aus einer sehr widerstandsfähigen Legierung, die aber dreimal so leicht ist wie Messing. Die Planetarium erscheint auch in einer besonderen Sammleredition aus 65 Exemplaren. In dieser Version besitzt sie ein Zifferblatt aus Meteoritgestein, dessen Gravuren mit modernster Lasertechnik ausgeführt sind.

Die Tellurium Johannes Kepler wird von Ulysse Nardin auf der Baseler Messe 1991 als Taschenuhr und 1992 als Armbanduhr präsentiert. Sie ist der krönende Abschluß der „Trilogie der Zeit". Dieses wundervolle Modell ist eine Weltzeituhr, die über die reine Zeitmessung hinaus auch einen ewigen Kalender vorweisen kann, der Tag, Monat und die jeweiligen Tierkreiszeichen anzeigt. Die Erde, in der Perspektive, wie man sie vom Nordpol aus sieht, dreht sich im Zentrum mit der 24-Stunden-Anzeige. Darüber spannt sich eine Feder, die sich im Verlaufe eines Jahres vom Wendekreis des Krebses zum Wendekreis des Steinbocks hin und zurück bewegt. Sie zeigt dadurch an, welcher Teil der Erde von der Sonne beschienen wird und auf welchem Nacht herrscht, sowie den Verlauf von Sonnenauf- und untergang. Der Mond dreht sich entgegen dem Uhrzeigersinn um die Erde, und alle seine Phasen können auf dem Zifferblatt, das mit Cloisonné-Email bemalt ist, astronomisch korrekt abgelesen werden.

Die Minutenrepetition San Marco mit Miniaturfiguren ist eine der bewundernswertesten Uhren der letzten Jahre. Auf dem Zifferblatt in blauem Email bewegen sich zwei Miniatur-Glöckner wie die der weltberühmten Turmuhr auf dem San-Marco-Platz in Venedig. Der linke Glöckner schlägt die Stunde und der rechte die Viertelstunde, während beide zusammen die Minuten schlagen. Zu der Kollektion San Marco gehört auch ein Automatic-Chronometer mit COSC-Zertifikat (Auszeichnung des Contrôl Officiel Suisse Chronomètres) und einer Frequenz von 36 000 Halbschwingungen je Stunde; 120 Exemplare der Serie werden mit einem Automatikwerk im Stil der sechziger Jahre präsentiert. Der Emailliermeister Michel Vermont fertigt in Le Locle nach alter orientalischer Tradition alle Emailzifferblätter, die wahlweise in hellblau, lila, grün, rot oder chinablau erhältlich sind. Nach Umstrukturierung des Unternehmens werden Chinablau und Hellblau die Farben des Hauses. Für jedes Zifferblatt sind über vierzig Stunden Arbeit erforderlich, da das Auftragen des Emails und der Härtungsprozeß bei 840 Grad viermal wiederholt werden müssen.

Auf der Uhrenmesse in Basel stellt Ulysse Nardin 1992 ebenfalls einen Schleppzeiger-Chronographen mit Tourbillon vor. Die Variante mit zwei Zählern existiert nur in vier Exemplaren, da man nur ebensoviele alte Originalwerke zur Verfügung hat. Besonders erwähnenswert ist ein Tourbillon-Chronometer mit Springender Stunde, ausgestattet mit einem mechanischen Handaufzug.

Die Astrolabium Galileo Galilei entsteht im Jahr 1985 und wird in das „Guinness Buch der Rekorde" aufgenommen. Das Modell oben im Bild stammt aus dem Jahr 1990 und verfügt über eine Datumsanzeige. 1868 bemerkte der Direktor des Observatoriums in Neuchâtel: „Die Uhren des Herrn Ulysse Nardin sind mit einer Gangabweichung von nur zwei Zehntel Sekunden am Tag so gut wie perfekt. Sie sind für Astronomen und Seeleute von großer Nützlichkeit."

BASE 1000
UNIVERSAL-GENEVE
AERO-COMPAX

Universal Genève

Kontinuität der Traditionen

Vom Uhrengroßhandel zur anerkannten Marke. In den dreißiger Jahren kommt der Erfolg. Chronographen, aber auch elegante Uhren. Die Repliken. Fast ein Jahrhundert Tradition.

Gegen Ende des 19. Jahrhunderts, genauer im Jahr 1894, beginnt Georges Perret in der Nähe von Genf seine Tätigkeit als Uhrmacher. Drei Jahre später holt er sich Louis Berthoud als Partner in den Betrieb, und man nennt die gemeinsame Firma „Perret & Berthoud". Sie arbeiten als Großhändler und übernehmen den Vertrieb von zahlreichen Uhrenmarken. Kompetenz und Seriosität der Inhaber helfen der Gesellschaft, die kommenden Kriegsjahre und die sich anschließende Rezession zu überstehen. Die folgende Generation will sich jedoch nicht allein mit dem Vertrieb von Uhren zufriedengeben, so daß man sich 1934 zur Gründung einer Marke entschließt: Universal, später dann Universal Genève.

Raoul Perret, Sohn des Firmengründers, sieht seine Zukunft in eleganten, zuverlässigen und mit hochwertigen Werken ausgestatteten Uhren und widmet sich insbesondere den gerade hochaktuellen Armbanduhren.

In den dreißiger und vierziger Jahren träumen Generationen von Menschen davon, einen Universal Chronographen zu besitzen. In dieser Zeit entstehen die Compax. 1954 erbaut man in Carouge das erste Fabrikgebäude und ändert die Firmenbezeichnung in „Manufacture des Montres Universal, Perret Frères S.A.". In den Fünfzigern beschäftigt man sich vornehmlich mit der Entwicklung von Uhren und Uhrwerken.

Die Compax-Chronographen avancieren zum Aushängeschild von Uni-

Eine Tri-Compax aus den fünfziger Jahren mit komplettem Kalendarium und Mondphase. Das große Bild zeigt die Aerocompax, ebenfalls aus den fünfziger Jahren. Die Krone links dient der Einstellung des Zifferblattes, das über eine Mahneinrichtung verfügt.

versal Genève. Die Vielfalt der Kollektion zeigt sich am Beispiel zahlreicher Modelle. Neben dem Basismodell Unicompax gibt es die Mediocompax mit 15-Pulsations-Skala und die Aerocompax mit Mahneinrichtung, die es Piloten beispielsweise ermöglicht, auf dem zusätzlichen Zifferblatt Zeiten für Abflug und Landung festzuhalten. 1943 kommt die Tri-Compax, die neben der kleinen Sekunde auch Stunden- und Minutenzähler sowie eine Mondphasenanzeige und ein komplettes Kalendarium aufweist. Das Datum wird auf einem Zähler auf dem Zifferblatt angezeigt, während Tag und Monat in Sichtfenstern abgelesen werden können.

1957 stattet die Fluggesellschaft SAS die Piloten, die die Arktis-Flugroute einweihen, mit der Universal Polerouter aus.

In den sechziger Jahren präsentiert Universal Genève ein extrem flaches Automatikwerk mit der Bezeichnung Microrotor.

Auf der darauffolgenden Baseler Messe wird die Linie Kaliber „66" vorgestellt, die 1989 mit einer umfangreichen Modellpalette ihr zweites Debüt feiert; auch hier findet ein ultraflaches 13liniges Werk Verwendung, das 2,5 mm hoch ist und dessen Durchmesser 28,60 mm beträgt.

Quarzforschung

1968 präsentiert Universal Genève die Unisonic mit elektronischem Stimmgabelwerk. Man setzt seine Forschung im Bereich der Quarzwerke fort, und sieben Jahre später, wiederum in Basel, stellt man eine der flachsten Quarzuhren mit Analoganzeige vor. 1973 entschließt sich die Unternehmensleitung aufgrund der gestiegenen Nachfrage zur Vergrößerung der Räumlichkeiten und verlegt Verwaltung und Verkauf in das neue Gebäude. 1984 feiert Universal Genève seine „goldene Hochzeit" mit

Oben im Bild die Neuauflage der Tricompax, eines Automatic-Chronographen. Unten sind die Einzelteile einer nostalgischen Tricompax zu sehen. Auf dem großen Bild rechts der Chronograph Tricompax mit Mondphase, wahlweise auf der 12- oder 6-Uhr-Indikation erhältlich.

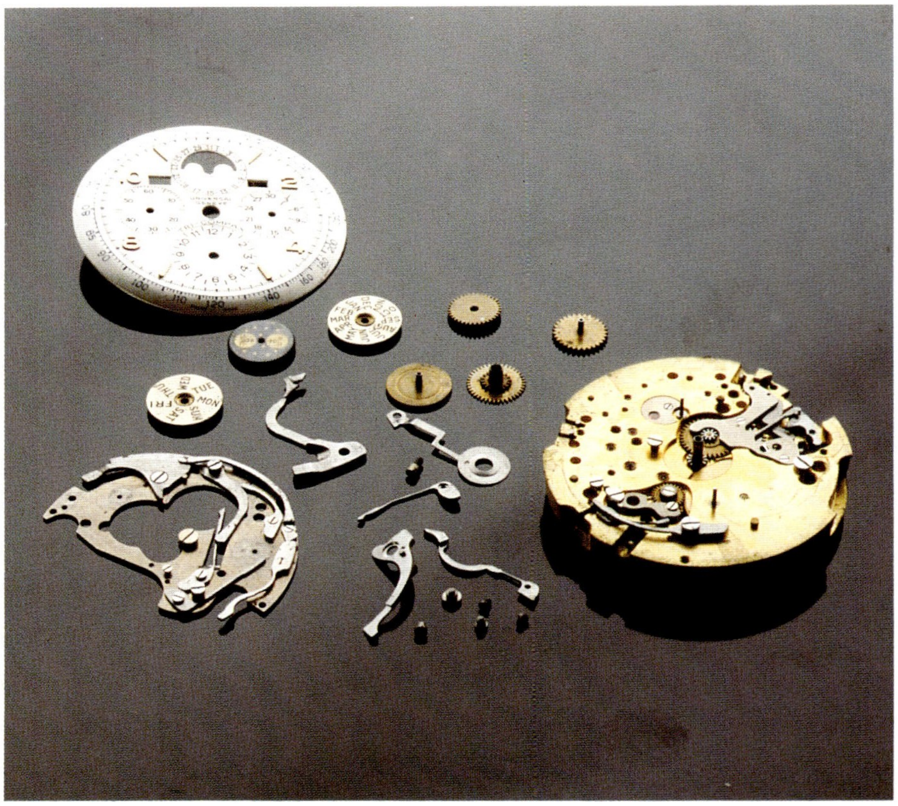

WED
JUN
UNIVERSAL
GENÈVE
TRI-COMPAX
SWISS MADE

Die Golden Line oben im Bild ist eins der Modelle aus den neunziger Jahren. Unten der Skelett-Chronograph mit 18k Goldgehäuse. Das Bild auf der rechten Seite zeigt eine frühe Automatic mit guillochiertem Zifferblatt auf dem rautenförmige Indikationen und aufgesetzte arabische Ziffern zu sehen sind.

der Internationalen Uhrenmesse in Basel, einer der weltweit renommiertesten Ausstellungen.

In den darauffolgenden Jahren treten an der Führungsspitze des Unternehmens bedeutende Veränderungen ein. Ende 1986 wird Lennart Oldman zum Präsidenten der Gesellschaft ernannt. Er hat beträchtliche Erfolge im Bereich des Einzelhandels vorzuweisen und zeichnet hauptverantwortlich für den phänomenalen Erfolg der Christian-Dior-Uhren. Ziel des neuen Vorstandes ist es, die solide Firmentradition den neuen Technologien und Marktbedürfnissen anzupassen. Die hervorragenden Maîtres Horlogers, von denen manche seit fast vierzig Jahren im Betrieb sind, bedeuten für das Unternehmen einen unschätzbaren Wert, den es zu erhalten gilt, um auf dem Markt zu konkurrenzfähigen Preisen handgearbeitete Uhren anbieten zu können. Man ändert die Farben des Hauses in weiß und grau, wobei man das große goldene „U“ besonders hervorhebt. Selbst die Vitrinen auf den Messeständen werden U-förmig gestaltet.

1987 wird in Basel die neue Kollektion Ellipse vorgestellt. Das elliptische Zifferblatt, die chromatische Abstimmung von Lederarmband und Indikationen sowie das Firmenmonogramm auf der Schließe sind nur wenige der Details, die auf die traditionelle handwerkliche Qualität der Uhren hinweisen; einen weiteren Beweis dieser Tradition liefert auch der erneut vorgestellte Bestseller Polerouter. Sehr elegant präsentiert sich auch die Couture, deren schwarzes Zifferblatt als Hintergrund für das vergoldete „U“ und eine ebenfalls vergoldete kleine Sekunde dient. Universal Genève wendet sich in der Gestaltung wieder verstärkt ästhetischen Gesichtspunkten zu, und viele Uhren des Hauses erhalten für ihr besonderes Design internationale Auszeichnungen wie den „Ville de Genève“, den New Yorker „Diamond Award“ oder die Baden-Badener „Goldene Rose“.

Ein signiertes Kunstwerk

Wieder dient die Baseler Ausstellung einer Rückschau. Es ist kein Zufall, daß Universal Genève dort 1988 ein Kunstwerk ausstellt, das der Pariser Künstler Jean Cocteau vierzig Jahre zuvor für das Unternehmen geschaffen hatte. 1947 fertigt der geniale Poet, Schriftsteller, Regisseur und Ästhet ein Bild an, auf dem Chronos, der Gott der Zeit, voller Erstaunen eine Universal betrachtet. Unter das Bild setzt er die Worte: „Le temps luimme regarde l'heure à la montre Universal.“ Er signiert das Bild als Zeichen seiner Vorliebe für Uhren dieser Marke. Das Bild, das nach Jahren wieder in den Besitz von Universal Genève gelangt, erhält auf der Ausstellung einen Ehrenplatz flankiert von den Kollektionen Ragtime, Tivoli, Master und Polerouter.

Das Management von Universal Genève begnügt sich nicht nur mit dem Slogan „Le couturier de la montre“, sondern entwickelt auch ein neues Vertriebskonzept, das kurze Lieferzeiten und einen guten Kundendienst garantiert. Alte Kontakte werden wiederbelebt und neue aufgenommen. Im Zuge dieser Umstrukturierung vertraut das Unternehmen das Gesellschaftskapital einem Konzern an und setzt sich zum Ziel, die traditionellen Werte der Schweizer Uhrmacherzunft modern zu interpretieren.

Was liegt also näher, als große Erfolge der Vergangenheit in die Moderne zu kolportieren und die Tradition von Universal Genève lebendig zu halten. So kehrt 1989 die Kollektion „66“ mit einer Automatic-, einer Skelett- und einer Mondphasenuhr zurück. Die Carrure der 18k Goldgehäuse ist ebenso unverwechselbar

UNIVERSAL
GENEVE
AUTOMATIC
SWISS

wie die Verzierungen der Lünette. Mondphase und Automatic gewähren durch den transparenten Saphirglasboden einen Blick auf das Werk. Von der Mondphase wird ebenfalls eine kleine numerierte Serie aufgelegt. Moderner und aggressiver präsentieren sich dagegen die Modelle der Linien Chronos, Aqualog, Aerolog und Astrolog. Alle Modelle besitzen automatische Werke, Sichtfenster-Datum und die klassischen Zähler; die Astrolog verfügt zudem über eine Mondphasenanzeige. Das Gehäuse aus Stahl und Gold der wasserdichten Aqualog hält einem Druck von 10 Atmosphären stand, der bidirektionale Schieber der Lünette ist als goldenes Firmenlogo ausgebildet und das Zifferblatt mit Tritium-Zeigern ist in weiß oder navyblau erhältlich.

Zur Nostalgie-Kollektion Altesse gehören die Modelle Modern Nostalgia und Old Timer, die beide mit Quarzwerken ausgestattet sind. Das Zifferblatt der Old Timer verfügt über ein komplettes Kalendarium mit Mondphasenanzeige. In Basel zeigt man 1990 auch die modernen Kollektionen Golden Shadow, Couture, Corporate und die Polerouter als Sport Chrono, Sport Oldtimer und Sport Diver.

Die Compax 1950 ist ein mechanischer Chronograph, dessen Gehäuse die getreue Kopie eines Erfolgsmodells aus den fünfziger Jahren ist. Ihr Werk mit Handaufzug ist ein Kaliber 1874 mit einer Höhe von 6,87 mm und einem Durchmesser von 27,50 mm. Dieses Modell ist in einer Version aus Rosé- oder Gelbgold und in einer bis zu 10 Atmosphären wasserdichten Version aus Stahl mit 18k-Gold-Lünette erhältlich. Für Liebhaber mechanischer Werke hält Universal Genève eine Automatic in 18k Gelbgold bereit, deren Werk ein Kaliber 11,5 ist und einen Durchmesser von 25,60 mm sowie eine Höhe von 3,6 mm aufweist; dieses Modell wird auf Wunsch auch in Platin angefertigt. Die „Meccanico 91", ebenfalls in Gold, verfügt über ein mechanisches Kaliber 2-42 mit einem Durchmesser von 19,40 mm, einer Höhe von 2,45 mm und einer Frequenz von 21 600 Halbschwingungen je Stunde. So stellen sich die Repliken, die neuen Klassischen und die Sportlichen der Aufmerksamkeit eines Publikums, das voller Spannung die Jubiläums-Kollektion zum 100. Geburtstag von Universal Genève erwartet.

Oben die Mechanik des Chronographen 1950. Die rechte Seite zeigt dieses Modell in Großaufnahme; es hat eine klassische Kollektion erfolgreich wiederbelebt. Unten im Bild eine sportlichere Version des Chronographen Compax von 1991. Auf der Lünette ist die Tachymeter-Skala eingraviert; die Chronographendrücker sind zylinderförmig, und die Krone trägt das Logo der Genfer Manufaktur.

UNIVERSAL GENEVE
COMPAX
SWISS

Gehäuse und Zifferblätter aus den vierziger Jahren spiegeln den Geschmack der Zeit wider. Dieses wundervolle Exemplar zeigt neben der traditionellen runden Gehäuseform besonders elegante, aber selten zu findende Bandanstöße. Die Sichtfenster auf dem Zifferblatt geben Auskunft über Tag, Monat und Mondphasen, während das Datum am äußeren Rand des Zifferblatts abzulesen ist. Von jeher besitzen die Uhren von Vacheron & Constantin hervorragende Werke. Viele sind Formwerke und erzielen auf dem Sammlermarkt bereits erstaunliche Preise.

Vacheron Constantin

Meilensteine der Uhrmacherkunst

Ein Reise durch zwei Jahrhunderte Spitzenleistung. Eigenproduktion aller Komponenten. Wunderbare Meisterwerke für Tasche und Handgelenk.

In der zweiten Hälfte des 18. Jahrhunderts ist Genf anerkannte Hauptstadt der Uhrmacherkunst. Von den dort ansässigen 4000 Uhrmachern sind 800 Maîtres Horlogers. Diese „cabinotiers", wie man sie auf Grund ihrer oftmals winzigen Werkstätten (cabines) auch nennt, verbinden handwerkliches Geschick und Fantasie, technische und wissenschaftliche Kenntnisse zu einem harmonischen Ganzen, wo Kunst und Handwerk zu einer nicht mehr trennbaren Einheit verschmelzen. In diesen Schmelztiegel begibt sich im Jahre 1755 auch Jean Marc Vacheron, als er sich entschließt, im Stadtteil Saint Gervais ein eigenes Atelier zu eröffnen. Mit einem Lehrling zusammen fertigt er Taschenuhren von überragender Finesse. Aus dieser Zeit ist ein von ihm signiertes Exemplar erhalten geblieben, dessen Werk eine Stabhemmung und eine gravierte Unruh-Brücke aufweist.

In seinem Atelier gehen Adel, Klerus und Kaufleute ein und aus. Die französische Revolution setzt den Exportgeschäften jedoch ein jähes Ende und 1785 sieht sich Jean Marcs Sohn Abraham mit zahlreichen Problemen konfrontiert. Er heiratet und hängt seinem Namen der Tradition entsprechend den Nachnamen seiner Ehefrau an. Die Manufaktur heißt nun „Vacheron-Girod". Ein seltenes Zeugnis dieser Firmenbezeichnung ist eine überlieferte Uhr mit der Herstellungsnummer 33498. Anfang des 19. Jahrhunderts übernimmt Abrahams Sohn Jacques-Barthélémy die Leitung des Betriebes, der mittlerweile den Namen „Vacheron-Chossat" führt. In einem Brief an seinen Vater klagt Jacques-Barthélémy darüber, daß sich noch nie so viele Betriebe in solch einer existentiellen Notlage befunden hätten und daß viele von ihnen schließen würden. 1814 bessert sich die wirtschaftliche Lage, und die Märkte in Italien, Frankreich und Deutschland beginnen, sich wieder zu öffnen. Auf seinen jährlichen Geschäftsreisen präsentiert Jacques-Barthélémy in diesen Ländern seine Kollektion aus Taschenuhren, Spieluhren, Minutenrepetitionen und für diese Zeit sehr flachen Werken, eingesetzt in kostbaren und eleganten Gehäusen.

Diese Reisen sind zwar unerläßlich, aber auf Dauer sehr anstrengend, so daß Jacques-Barthélémy 1819 den Sohn eines befreundeten Stoffhändlers in den Betrieb holt, dessen Bezeichnung nun „Vacheron & Constantin" lautet.

Der Chronograph der Linie Phidias, deren Name das Symbol für ewige Schönheit und perfekte Proportionen ist.

François Constantin sammelt als Verkäufer für J.F. Bautte seine ersten Erfahrungen in der Uhrenbranche, die er nun mit in die Firma bringt, wo er hauptsächlich für den Verkauf zuständig ist. Seine außergewöhnlichen Fähigkeiten, die er mit einer starken Egozentrik nach außen trägt, rufen viele Neider hervor. Er läßt sich davon jedoch nicht beeindrucken und reist weiterhin in seiner Kutsche umher, und der Koffer, den er mit sich führt, ist ein wahrer Tresor. Er ist nicht nur sehr schwer, sondern auch zur Abschreckung von Dieben mit einem großen Schloß gesichert. Berühmt ist ein überliefertes Zitat, in dem er sagt: „Faire mieux si possible, ce qui est toujours possible."

Vater Abraham Vacheron ist vornehmlich für die Qualität der Produktion zuständig, während Jacques-Barthélémy für die Werkstatt verantwortlich zeichnet. François aber ist als Verkäufer unterwegs und verkauft, als ginge es um sein Leben. Er hat immer die richtige Uhr im richtigen Augenblick parat und oft geht er mit seinen Kunden auf Tauschgeschäfte ein. So auch einmal in Livorno, als ein nicht so liquider Käufer ihm für seine Uhren als Bezahlung Weinfässer anbietet. Er läßt die Fässer nach Genf transportieren und schlägt seinem Partner vor, den Wein in Flaschen zu füllen, eine Anzeige im „Feuille d'Avis" aufzugeben und die Weinflaschen „natürlich zu einem höheren, für die Qualität des Weines aber günstigen Preis zu verkaufen und soviel Gewinn wie möglich herauszuschlagen". Bereits 1830 werden Uhren von Vacheron & Constantin in New York von Jean Magnin und in New Orleans von Brey verkauft; ab 1864 verfügt das Haus in Amerika sogar über einen eigenen Agenten. Im gleichen Jahr stellt die Manufaktur ebenfalls preisgünstigere, nicht ganz so hochwertige Uhren her, unter denen sich neben den normalen Exemplaren mit dem Warenzeichen „Abm. Vacheron Genève" oder „Chossat & Cie" auch erstklassige Exemplare befinden, die die Signatur Abraham Vacherons tragen.

1839 entwickelt sich die Manufaktur zu einem industriellen Unter-

Eine der Neuheiten der Baseler Messe 1992 ist die Minutenrepetition, oben im Bild, mit mechanischem Aufzug, Replika eines Modells aus den vierziger Jahren. Die Auflage beträgt 200 Exemplare. Rechts unten ein raffiniertes Modell aus den Dreißigern mit im Gehäuse integrierten Bandanstößen. Ganz rechts im Bild der automatische Chronograph 47001, präsentiert auf der Baseler Messe 1989.

VACHERON CONSTANTIN
GENÈVE
AUTOMATIC
SWISS

nehmen. Die Aufträge erreichen solche Ausmaße, daß die Produktion der Nachfrage nicht nachkommen kann. Jacques Barthélémy wendet sich an Georges Auguste Leschot, einem genialen Erfinder von Maschinen zur Herstellung von Uhreneinzelteilen. Dieser ist davon überzeugt, daß in der Austauschbarkeit von Komponenten ein ungeheures Produktionspotential liegt. Leschot wird technischer Leiter der Manufaktur und Vacheron & Constantin verpflichtet sich, die von ihm entworfenen Maschinen zu bauen und zu bezahlen. In einem Brief schreibt Vacheron: „Unsere Qualitätsuhren werden bald wenig mehr als gewöhnliche Uhren kosten." 1841 entwickelt man eine Fräse, die kleine Einzelteile originalgetreu reproduziert, eine Bohrmaschine, die die eingestellten Maße einhält sowie weitere Vorrichtungen zur Bearbeitung von Brücken, Platinen und Rädern. „Manufacture" wandelt sich in der Firmenphilosophie zu einem edlen Qualitätsbegriff. 1860 produziert man bereits alle Einzelteile im eigenen Betrieb. Selbst die gestandenen Uhrmachermeister, die der maschinellen Produktionsweise ablehnend gegenübergestanden hatten, begrüßen die dadurch für Feinarbeiten gewonnene Zeit.

Nach dem Tod von Abraham Vacheron im Jahr 1843 wechselt die Manufaktur ihren Firmensitz in die Tour d'Ile im Zentrum der Stadt, wo die Rhône in den Genfer See mündet. César, der Sohn von Jacques Barthélémy, übernimmt die Leitung des Betriebes. 1845 wird Leschot und der Manufaktur von der Genfer Société des Arts die begehrte Auszeichnung „Auguste de la Rive" verliehen. Die Qualität der Uhren aus dem Hause Vacheron & Constantin ist somit offiziell anerkannt und wird auch zukünftig nicht mehr angezweifelt. Die Manufaktur verkauft ihre immer bekannter werdenden Werke ebenfalls an andere Uhrenhersteller, die sie aufgund der geringen Höhe der Kaliber sehr schätzen.

1854 stirbt François Constantin, dessen Platz von seinem Neffen Jean-François eingenommen wird. Man erlebt einen Erfolg nach dem anderen und es sind oftmals gekrönte Häupter, die eine Vacheron & Constantin ihr eigen nennen. So läßt Napoleon III einige als Geschenk gedachte Exemplare mit seinem Konterfei anfertigen, und 1865 erwirbt sogar der Kaiser von China eine kostbare Taschenuhr. Zu dieser Zeit experimentiert man, jedoch ohne Erfolg, mit dem Kronenaufzug. Immer auf der Suche nach der höchstmöglichen Qualität, versucht die Manufaktur 1864 durch eine Ausschreibung einen Lieferanten für hochwertige Ebauché-Kaliber ausfindig zu machen.

Aus nicht bekannten Gründen entschließt sich Jean-François Constantin 1867 nur noch als Verkäufer zu agieren, und so ändert man den Firmennamen um in „César Vacheron & Co". Zwei Jahre später stirbt César, und sein Sohn Charles ändert erneut den Namen in „Charles Vacheron & Cie".

Dieses elegante Modell mit ungewöhnlich gearbeitetem Gehäuse stammt aus den vierziger Jahren. Die Indikationen sind aus Gold; die kleine Sekunde auf der 6 ist unterlegt mit einem stilisierten Kreuz als Symbol für Präzision. Auf der linken Seite oben im Bild ein Kompletter Kalender mit Mondphase aus den 40/50er Jahren. 1990 wurde dieses Modell wiederaufgelegt. Das zwischen 1935 und 1940 erschienene Modell darunter zeigt den zusätzlichen Schriftzug „Verga" auf dem Zifferblatt; der Name eines Mailänder Geschäfts, das einen sehr engen Kontakt zu Vacheron & Constantin pflegt.

Oben ein Modell aus den Zwanzigern mit gewölbtem Boden und Zifferblatt; die Indikationen sind im Breguet-Stil ausgeführt. Unten ein aktuelles Modell aus der Antik-Kollektion, dessen Gehäuse einem alten Originaldesign entspricht. Die Indikationen auf dem wunderbar guillochierten Zifferblatt weisen geometrische Formen auf.

Die Familie wird aber vom Pech verfolgt, und als Charles im Alter von 25 Jahren ebenfalls stirbt, ist die Manufaktur plötzlich im Besitz zweier Witwen.

Der Skandal ist perfekt. So etwas hat man in Genf noch nicht gesehen, und böse Zungen beschwören das Ende eines dominierenden Unternehmens, das schon immer als Fremdkörper angesehen wurde. Doch die beiden Frauen erweisen sich als sehr klug. Catherine-Etiennette Vacheron, die mit ihren achtzig Jahren noch überaus rüstig und geistesgegenwärtig ist, fungiert, wenn auch nicht offiziell, als Ratgeberin von Laure Vacheron-Peressin. Der Firmenname ändert sich erneut in „V.ve César Vacheron & Cie".

1872 werden die Uhren vom Observatorium in Genf für ihre hohe Qualität ausgezeichnet. Die schlechten Zeiten gehören mittlerweile der Vergangenheit an, und die beiden Damen stellen Philippe-Auguste Weiss 1875 als Direktor ein. Jean-François Constantin kehrt in die Führungsetage der Manufaktur zurück, und der Firmenname lautet wieder „Vacheron & Constantin". Um die Veränderungen komplett zu machen, wechselt man mit dem Betrieb in die Nähe des Quai des Moulins. 1880 führt die Schweiz ein Gesetz zum Schutz der heimischen Industrieproduktion ein, und Vacheron & Constantin lassen sich Markennamen und -logo schützen. Auf allen Produkten des Hauses erscheinen entweder die Schriftzüge „Vacheron & Constantin, Fabricant, Genève" oder „Horlogérie et boites de montres". Als Zusatz erhalten beide das Malteserkreuz – inspiriert durch die Optik des entsprechenden Rades der Unruh – als Symbol für Präzision, das jedoch später durch zwei sich überkreuzende Segmente ersetzt wird. Im Alter von 101 Jahren stirbt 1883 Catherine-Etiennette, die noch ein Jahr zuvor vom Journal Suisse zur Symbolfigur der Genfer Uhrenkunst erhoben wurde. 1887 stirbt auch Laure, und das Unternehmen wird in eine Aktiengesellschaft umgewandelt, die ab 1896 nur noch „Vacheron & Constantin" heißt.

Das 20. Jahrhundert

Nach über 150 Jahren Tradition in der Herstellung von wundervollen und komplizierten Taschenuhren, bringt das Unternehmen 1910 seine ersten Armbanduhren heraus. Die Taschenuhren bleiben jedoch ein wichtiger Bestandteil des Sortiments, und zwischen 1920 und 1930 fertigt Vacheron & Constantin Meisterwerke wie die Grande Complication mit Minutenrepetition, Schleppzeiger-Chronographen mit Zähler, ewigem Kalender, Mondphasenanzeige und Wecker oder den danach auf der Ausstellung in Zürich gezeigten Schleppzeiger-Chronographen mit Gangreserve, ewigem Kalender und Mondphase.

Wieder kommen schwere Jahre auf das Unternehmen zu, und 1931 beträgt die wöchentliche Arbeitszeit bei Vacheron & Constantin nur noch 18 Stunden. Die Belegschaft – stolz auf ihre Qualitätsarbeit – hält eisern zusammen, und man beginnt, sogar vollkommen artfremde Dinge zu produzieren. Selbst eine Kürzung der Löhne wird gern in Kauf genommen. 1936 entschließt sich Charles Constantin, alle maschinell hergestellten Einzelteile von Hand feinbearbeiten zu lassen.

1940 bekommt Georges Ketterer die Aktienmehrheit zugesprochen; er verstirbt 1987. Das Unternehmen – das „&" ist mittlerweile aus dem Firmennamen genommen worden – gelangt in fremden Besitz, doch die Firmenleitung bleibt weiterhin in Schweizer Hand und der traditionell hohe Qualitätsanspruch weiter bestehen.

Diese interessante Uhr kann auch als Tischmodell verwendet werden. Sie ist ein Carré aus den vierziger Jahren und besitzt ein zweiteiliges Gehäuse; das Zifferblatt besteht aus mattiertem Silber. Diese Uhr erhielt die Genfer Punze für ihre hohe Qualität. Das hier gezeigte Modell wurde im Januar 1988 vom Auktionshaus Tempus in Mailand zur Versteigerung angeboten. Der Wert wurde auf 18 bis 25 Millionen Lire geschätzt. 1992 und 93 ging eine Kollektion aus dem Werksmuseum von Vacheron & Constantin auf Weltreise. Von New York bis Venedig konnten auf Ausstellungen mehr als 200 aktuelle und antike Modelle bewundert werden.

Moderne Uhren

Unter den Schmuckuhren, deren Wert hauptsächlich durch ihre Edelsteine bestimmt wird, zählt die Kallista zu den herausragenden Modellen. Sie wird Ende der siebziger Jahre nach 6000 Arbeitsstunden fertiggestellt und für die unglaubliche Summe von fünf Millionen Dollar an einen nicht genannten Käufer veräußert. Gehäuse und Armband werden aus dem Vollen gearbeitet: Rohstoff ist ein 1 Kilogramm schwerer Block aus Massivgold. 118 Diamanten von 1,2 bis 4 Karat werden als Besatz verwendet, und das Gesamtgewicht der Diamanten beträgt 130 Karat; alle Steine sind mit einem Smaragdschliff versehen.

Vor Beginn des zweiten Weltkrieges umfaßt bei Vacheron & Constantin das Armbanduhrensortiment alle Komplikationen sowie alle Werke und oftmals auch Formwerke. Die Ästhetik von Gehäusen, Bandanstößen und Zifferblättern beginnt ebenfalls eine wichtige Rolle zu spielen. Nach dem Kriege präsentiert das Haus eins der weltweit flachsten Werke mit einer Höhe von 1,64 mm und einem Durchmesser von 20,8 mm. Für Damenuhren werden häufig auch Baguette-Werke eingesetzt, die mit der Form vieler Schmuckuhren sehr gut harmonieren. Eine weitere Errungenschaft ist ein ultraflaches Automatikwerk von 2,45 mm Höhe, dessen 21karätiger Goldrotor mit Berillium-Bronze-Krone in Rubin gelagert ist. In den darauffolgenden Jahren kommen die Komplikationen immer mehr in Mode, und Vacheron & Constantin entscheiden sich, eine Reedition „antiker" Modelle herauszubringen. Die Linie Malta ist als Damenuhr konzipiert und wird durch Schmuckmodelle komplettiert, die auf Bestellung angefertigt werden. Die Renaissance in den achtziger Jahren umfaßt auch die Modelle Phidias, die in ihrer Art so schön sind wie die Skulpturen des griechischen Bildhauers, deren Namen sie tragen. Noch traditioneller in seiner Linienführung ist der Chronograph 47001. Zu den Neuheiten des Jahres 1992 gehört ohne Zweifel die Minutenrepetition, die als Replika eines Modells aus den Vierzigern über ein extraflaches Werk mit 48-Stunden-Gangreserve verfügt, der Armband-Tourbillon mit 3-Brücken-Werk und doppelter Federtrommel als Wiederauflage einer Taschenuhr aus den dreißiger bzw. vierziger Jahren oder der Automatic-Chronograph mit ewigem Kalender.

Diese Uhr ist wahlweise mit einem mechanischen Werk von 1,2 mm oder einem automatischen Werk von 2 mm Höhe ausgestattet.

Oben im Bild eine kostbare Skelett-Uhr mit ewigem Kalender und modern gestalteter Mondphase. Unten ein Chronograph aus den Vierzigern mit rechteckigen Drückern und Tachymeter-Skala. Ganz rechts ist ein wunderschön gravierter Skelett-Chronograph mit Platingehäuse zu sehen. Auf der „Montres et Bijoux Genève", die im Oktober 1991 in einem der nobelsten Paläste Roms stattfand, gehörte diese Uhr zu den Höhepunkten der Ausstellung.

VACHERON CONSTANTIN
GENEVE

Zenith ist seit jeher darauf stolz, eine Manufaktur und als diese Hersteller von Komplikationen zu sein. Hier im Bild die Mechanik des auf der rechten Seite abgebildeten Chronographen. Dieses Modell stammt aus dem Jahr 1905 und besitzt ein Scharniergehäuse, das typisch für den Beginn des Jahrhunderts ist. Der Drücker für die Chronographenfunktion ist in die Krone integriert. Das Design entspricht dem einer Taschenuhr.

Zenith

Der höchste Punkt am Firmament

Trotz industrieller Produktion Erfolg und Qualität. Über 1500 Auszeichnungen. El Primero und die sechziger Jahre. Ein großes Chronowerk für große Uhren.

Georges Favre-Jacot ist erst zweiundzwanzig Jahre alt, als er 1865 die „Fabrique des Billodes" gründet, die nicht weniger als 574 Beschäftigte zählt und später unter dem Namen Zenith weltberühmt werden wird. Er ist ein Präzisionsfanatiker und überzeugter Verfechter der Theorie, daß in der Rationalisierung von Arbeitsprozessen und Austauschbarkeit der Uhrenkomponenten die Zukunft der Uhrenindustrie liege. Diese moderne Denkweise hängt sehr wahrscheinlich mit seiner Herkunft zusammen. Wie Daniel Jean Richard, einer der Urväter der Schweizer Uhrenindustrie, stammt er aus dem Kanton Neuchâtel. Seit 1705 gilt das Atelier dieses in La Sagne geborenen Maître Horloger als ein Vorbild an perfekter Betriebsorganisation. Und das in einem Landstrich, in dem fast ein Viertel der arbeitenden Bevölkerung in der Uhrenbranche tätig ist.

Von den 683 im Jahre 1760 bekannten Uhrmachern arbeiten 303 in Le Locle und 285 in La Chaux-de-Fonds. Ein Jahrhundert später beträgt die Zahl der Uhrmachermeister in Le Locle 3053 und in La Chaux-de-Fonds 3574.

Das Le Locle des 18. Jahrhunderts ist keinesfalls ein wenig bevölkertes, trostloses Bergdorf, wie man vielleicht annehmen könnte. Der Kanton Neuchâtel, in dem das Dorf liegt, ist Fürstentum des Königs von Preußen, ein Status, der sich positiv auf die ganze Region auswirkt. Besonders in Le

Das Bild unten zeigt ein Modell aus dem Jahr 1905. Dieser elegante Chronograph mit Goldgehäuse weist für die Chronographenfunktion einen in die Aufzugskrone integrierten Drücker bei der 12-Uhr-Indikation auf. Das Emailzifferblatt verfügt über eine Tachymeter-Skala.

Locle floriert die Produktion von Penduhren „neuchâteloises" in bemalten und mit Dukatengold dekorierten Holzgehäusen. Zur Zeit Napoleons geraten diese traditionsreichen Uhren aber immer mehr in Vergessenheit. Erst durch James Favre, dem Neffen des Gründers von Zenith, kommt es zu einer Wiederbelebung der alten Traditionen, zu denen zweifellos die „neuchâteloises" gehören. Die „neuen" Penduhren sind mit „8-Tage-Zenith-Läutwerk" ausgestattet und verfügen auf Wunsch auch über eine Viertelstundenrepetition.

Ende des 19. Jahrhunderts erlebt die Uhrmacherkunst aus Le Locle eine Sternstunde, und die Uhren von Georges Favre-Jacot machen da keine Ausnahme. Für einen kurzen Zeitraum erscheint auf den Zifferblättern der Name des Firmengründers, der jedoch bald durch den Schriftzug Zenith ersetzt wird, einem Signet voll symbolischer Kraft. Im Jahre 1906 realisiert die Manufaktur eine wundervolle Taschenuhr mit der Bezeichnung „Stile Breguet". Dieses Modell wird dem Publikum in den achtziger Jahren als Replika erneut vorgestellt. Der Gehäuseboden dieser Taschenuhr ist der Tradition entsprechend mit dem guillochierten Signet der Manufaktur versehen. Es handelt sich dabei um einen Chronometer aus der gleichen Produktionsserie, für die die Manufaktur im Laufe der Jahre von verschiedenen Observatorien über 1500 Auszeichnungen erhalten hat. Aus dieser Produktion stammen nicht nur Taschen- und Armbanduhren, sondern auch die berühmten Marinechronometer. Im Mai des Jahres 1929 teilt das astronomische Kew-Observatorium in England der Öffentlichkeit mit, daß von 19 835 aus der ganzen

Oben links das einmalige Chronographenwerk El Primero, das 1967 entwickelt und 1969 produziert wurde. Nicht nur die Chronographen von Zenith sind damit ausgestattet, sondern auch die vieler anderer Manufakturen. El Primero ist ein automatischer Chronograph mit einer Frequenz von 36 000 Halbschwingungen pro Stunde und besitzt 31 Steine. Die Schwingmasse ist aus Wolframkarbid. Rechts im Bild eine Variante mit komplettem Kalendarium und Mondphasen.

Im Jahr 1991 feierte die Confoederatio Helvetica ihren 700. Jahrestag. Zenith präsentiert für die Feierlichkeiten zwei Varianten des Automatik-Chronographen El Primero. Die Auflage ist limitiert, und die Numerierung erscheint sowohl auf dem Zifferblatt als auch auf dem Gehäuseboden, der zusätzlich eine Jubiläumsinschrift und eine geographische Karte der Schweiz mit Schweizer Wappen trägt.

Zwischen den hier abgebildeten Varianten des Chronographen El Primero liegen über zwanzig Jahre. Das Modell rechts im Bild stammt aus dem Jahr 1969, als El Primero der Öffentlichkeit vorgestellt wurde. Das Modell unten im Bild dagegen gehört zur Rainbow-Kollektion. Der Name dieser Kollektion wurde von dem gleichnamigen Segelschiff inspiriert, das 1934 in Newport den 15. America's Cup bestritt. Auf dem Gehäuseboden ist das Profil des Siegesschiffes eingraviert. Das Design dieses 1992 in Basel vorgestellten Chronographen präsentiert sich modern und aggressiv.

Welt stammenden Uhren eine Zenith mit einer Tagesabweichung von 0,6 Sekunden einen neuen Rekord aufgestellt hat. Vierzig Jahre später, im Jahr 1967, stellt bei einem Wettbewerb des Observatoriums von Neuchâtel das in einem Marinechronometer eingesetzte Zenith-Werk, Kaliber 5011, in der Kategorie der Armbandchronometer mit Spiral-Unruh einen weiteren Rekord auf. Anfang des Jahrhunderts produziert Zenith unter anderem auch wunderschöne Taschenuhren mit Komplikationen.

Im Jahr 1911 vergrößert man die Manufaktur und gründet eine Aktiengesellschaft, deren Name nun „Fabrique des Montres Zenith" lautet. Die Uhren des Hauses finden immer mehr Anerkennung, und man exportiert, dank seines hervorragenden Rufes für die Produktion zuverlässiger und präziser Uhren, komplette Kollektionen in die ganze Welt. Den Richtlinien von Georges Favre-Jacot folgend setzt man bei Zenith auf immer ausgeklügeltere Rationalisierungsmaßnahmen und immer modernere Technologien, ohne jedoch zu vergessen, das der Mensch und ganz besonders der Maître Horloger im Mittelpunkt des Unternehmensinteresses stehen.

Die Entwicklung des automatischen Chronographen „El Primero" beginnt bereits im Jahr 1967; vorgestellt wird diese Uhr jedoch erst 1969.

Es ist das erste automatische Chronographen-Werk der Welt mit 36 000 Halbschwingungen pro Stunde. In der Regel schwingt die Unruh mit einer Frequenz von 5 Halbschwingungen pro Sekunde, d.h. mit 18 000 Halbschwingungen pro Stunde. Unter Schwingung versteht man die Bewegung einer Schwingmasse von einem Punkt zum anderen, d.h. genauer zwischen zwei Amplituden. In den sechziger Jahren gelingt es den Technikern von Zenith erstmals, die Frequenz der Schwingungen zu verdoppeln. Dieses noch heute unübertroffene Resultat hat viele große Uhrenmanufakturen dazu gebracht, ihre Chronographen mit diesem einzigartigen Werk auszustatten.

Das automatische Chronographenwerk El Primero ist das Aushängeschild von Zenith und wird auch von anderen großen Manufakturen in ihren Chronographen eingesetzt. Hier im Bild eine Version aus dem Jahr 1990. Das Gehäuse sowie die Krone und die Drücker sind aus 18karätigem Gold. Auf der Krone ist das Logo des Hauses zu sehen. Das Design dieses Modells ist sicherlich moderner als das der traditionellen Varianten, gehört jedoch zur klassischen Linie.

Auf dieser Seite zwei moderne Exemplare. Rechts im Bild eine Automatik aus dem Jahr 1990 mit dem Namen Grande Complication. Unten im Bild ein Modell aus der Kollektion Defy mit extraflachem Quarzwerk. Zur Defy-Kollektion gehören auch Chronographen und Plongeur. Das Design dieser Kollektion hat sich im Laufe der Jahre an den Marktbedürfnissen orientiert und zeigt sich auch in einer sportlichen Variante.

Das erste Modell mit der unverwechselbaren Datumsanzeige bei der 4-Uhr-Indikation (viele Manufakturen verzichten jedoch auf die Datumsanzeige, um die Herkunft des Werkes zu verschweigen) wird von weiteren Modellen gefolgt, wie z.B. der Version mit Tages-, Monats- und Mondphasenanzeige. Um die Verschleißerscheinungen infolge der hohen Frequenz zu mindern, entwickeln die Techniker von Zenith einen besonderen Trockenschmierstoff auf der Basis von Molybdänbisulfur. Das Hemmungsrad hat 21 statt der traditionellen 15 Zähne. Die Schwingmasse aus Wolframkarbid registriert auch die kleinsten, sonst nicht wahrnehmbaren Armbewegungen. Die Gangreserve geht über fünfzig Stunden; die Schwingmasse ist mit dem Firmenlogo versehen. Das El-Primero-Werk besitzt einen Durchmesser von 30 mm und eine Höhe von 6,5 mm. Es ist das einzige Chronographen-Werk, das eine Kurzzeitmessung von $^{1}/_{10}$-Sekunde erlaubt.

23 Jahre Erfolg

Nach zwanzig Jahren läßt Zenith einige Modifikationen in das El-Primero-Werk einfließen, die seine Leistung steigern und den Verschleiß einiger Einzelteile mindern sollen. Aufzug des Chronographen sowie Betätigung der Chronographenfunktionen, z.B. Nullstellung, werden wesentlich vereinfacht. Es sind nur kleine, jedoch überaus wichtige Maßnahmen, die dazu beitragen, aus diesem Werk ein Referenz-Werk der Armband-Chronographie werden zu lassen. Eines der allerersten Exemplare ist im Museum Château des Monts in Le Locle zu bewundern, wo auch ein anderes, sehr viel älteres automatisches Werk von Abraham-Louis Perrelet aufbewahrt wird. Perrelet, der 1729 geboren wird und in seiner Schaffensphase ein geniales automatisches Aufzugssystem für Taschenuhren erfindet, beschäftigt sich als Erster mit dem Prinzip des Rotors: ein Prinzip, das im 20. Jahrhundert schließlich perfektioniert wird.

Im Jahr 1990 präsentiert Zenith zum 125. Jubiläum der Firmengründung eine Kollektion, die aus vier Modellen besteht: drei mechanischen Uhren mit Handaufzug und einem Chronographen. Alle Modelle verfügen über ein COSC-Chronometer-Zertifikat. Die Auflage für die mechanischen Modelle beträgt 300 Exemplare, während die Chronographen in einer Auflage von 500 Exemplaren erscheinen. Die Numeration ist sowohl auf dem Zifferblatt als auch dem Gehäuseboden zusammen mit dem Zenith-Wappen zu sehen. Der Chronograph ist mit einem 13linigen El-Primero-Werk 400 ausgestattet, während die mechanischen Modelle über ein rundes 11liniges Zenith-Kaliber mit 17

Hier im Bild der automatische Chronograph-Chronometer El Primero mit Mondphasen, der zum 700. Jubiläum der Confoederatio Helvetica realisiert wurde. Diese Variante ist in einer limitierten Auflage von 250 Exemplaren erschienen, die Numeration erfolgt auf Zifferblatt und Gehäuseboden. Das Werk ist ein modifiziertes Kaliber 410; das Modell verfügt über ein komplettes Kalendarium.

Die Academy-Kollektion wird in Stahl, Stahl/Gold, nur Gold sowie in Gold mit Diamanten besetzt angeboten. Es gibt sowohl Modelle mit Quarzwerk als auch mit automatischem Aufzug. Zur Kollektion gehört auch das Prunkstück des Hauses: der Chronograph El Primero. Das Werk schwingt mit einer Frequenz von 36 000 Halbschwingungen pro Stunde. Die Kollektion wurde 1988 auf der Uhrenmesse in Basel vorgestellt.

Steinen verfügen, das zudem eine kleine Sekunde besitzt. Alle Modelle sind mit Emailzifferblättern und verschiedenen Indikationen erhältlich.

1991 zeigt Zenith auf der Baseler Uhrenmesse zwei besonders wertvolle Kollektionen zum 700. Jahrestag der Confoederatio Helvetica. Beide Serien bieten in limitierter und numerierter Auflage Chronographen-Chronometer-Modelle an. Es handelt sich um die Kaliber 400 bzw. 410. Das Kaliber 410 besteht aus 354 Einzelteilen, wovon allein 277 untereinander nicht austauschbar sind. Auf dem Zifferblatt dieses Modells ist das komplette Kalendarium zu sehen, und am äußeren Rand der Mondphasenanzeige bei der 6 erscheint die 12-Stunden-Einteilung für die Chronographie. Das Zifferblatt des Kalibers 400 zeigt dagegen nur das Datum an. Beide Gehäuseböden weisen eine Seriennumerierung auf, die sich für das Kaliber 410 auf 250 und für das Kaliber 400 auf 900 Exemplare beläuft. Der Boden trägt zudem eine Inschrift zum 700. Jubiläum sowie eine Karte der Schweiz mit Schweizer Wappen.

Amerika und Europa

Die Geschichte dieser bedeutenden Manufaktur beschränkt sich jedoch nicht nur auf die Produktion des Chronographen El Primero. Als man ihn der Öffentlichkeit vorstellt, befindet sich Zenith in einer Wachstumsphase. Andere Manufakturen wie beispielsweise Mondia und Movado werden in das Unternehmen aufgenommen. Im Jahr 1969 entsteht aus dieser Fusion die Holding-Gesellschaft „Mondia-Zenith-Movado". Zwei Jahre später erwirbt die Zenith Radio Corporation aus Chicago, Amerikas größter Konzern elektronischer Komponenten, die Aktienmehrheit des Unternehmens aus Le Locle. Die Zusammenarbeit zwischen Europa und Amerika bringt jedoch nicht den erhofften Erfolg, auch wenn aus dieser Kooperation die Zenith Quarz entsteht. Sie gilt als eine der ersten Quarzuhren mit analoger Anzeige für Stunden und Minuten sowie digitaler Anzeige für Datum und Sekunden. Im Jahr 1978 kehrt das Unternehmen in den Besitz der Schweizer Unternehmergruppe Dixi aus Le Locle zurück, die Inhaber von mehreren Unternehmen zur Herstellung von Präzisionsgeräten ist.

Für den professionellen Einsatz entwickelt Zenith eine Taucheruhr, die bis zu einem Druck von 100 Atmosphären wasserdicht ist. In der Kollektion Defy, die bis zu 10 Atmosphären wasserdicht ist, sind mechanische sowie Quarzmodelle vertreten. Jedes Jahr werden von Zenith mehrere Kollektionen präsentiert, u.a. die Linien Academy, Port Royal, Royal Museum, Pacific, Silhouette und Cosmopolitan Espada. 1992 wird in Basel neben der El Primero mit klassischem Gehäuse die Rainbow-Kollektion mit aggressiver Optik vorgestellt, benannt nach dem amerikanischen Segelschiff, das 1934 in Newport den America's Cup gegen die Endeavour verteidigen kann. Auf dem Gehäuseboden der Rainbow-Modelle ist das elegante Profil dieses Schiffes zu sehen, das 39,20 m lang ist und von dem Architekten Burgess entworfen wurde. Zur Rainbow-Kollektion gehören ebenfalls ein Automatic-Chronograph und ein Plongeur, wasserdicht bis 200 m.

Die Räumlichkeiten der alten Manufaktur sind zwar durch ein moderneres Gebäude ersetzt worden, aber damals wie heute befinden sich Verwaltung, Verkauf und Entwicklung direkt nebeneinander. Am Eingang des Gebäudes erinnert eine Gedenktafel an Georges Favre-Jacot, der auf eigenen Wunsch hin dort begraben liegt, quasi als Zeuge dafür, daß zwischen Vergangenheit, Gegenwart und Zukunft keine Grenzen existieren.

Zu der Kollektion Museum zählen zahlreiche Modelle. Unter anderem das Modell hier im Bild, das dem Louvre in Paris gewidmet ist. Das Design erinnert an Kollektionen des Museum of Modern Art in New York. Die Bandanstöße sind außergewöhnlich, und die Lünette wird vollständig von dem Saphirglas bedeckt. Alle Modelle sind mit Quarzwerken ausgestattet, und als 12-Uhr-Indikation dient ein goldener Punkt.

Bibliografie

L'Homme et le Temps en Suisse
L'Institut l'homme et le temps, La Chaux-de-Fonds

C. Cardinal: L'orologeria nella storia, nelle arti, nella scienza
Scriptar SA

H. Kahlert R. Mühe G.L. Brunner: Armbanduhren
Verlag Georg D.W. Callwey

C. Ghidoni G. Ribolini: Il Cronografo
Edizioni Gold

G. Viola G.L. Brunner: Tempo prezioso
Idealibri

D. Marozzi G. Toselli: Longines
Giada edizioni

G. Daniels: L'art de Breguet
Scriptar SA

H.F. Tölke J. King: IWC International Watch Co. Schaffhausen
Verlag Ineichen

J. Barracca G. Negretti F. Nencini: Le temps de Cartier
Wrist International

D.L. Salomons: Breguet (1747-1823)
Kent and Sussex Courier Company

Inhalt